Sohail Ahmed Tufail

Modelação baseada em dados

Sohail Ahmed Tufail

Modelação baseada em dados

Investigação de modelos de previsão de inundações baseados em dados

ScienciaScripts

Imprint

Any brand names and product names mentioned in this book are subject to trademark, brand or patent protection and are trademarks or registered trademarks of their respective holders. The use of brand names, product names, common names, trade names, product descriptions etc. even without a particular marking in this work is in no way to be construed to mean that such names may be regarded as unrestricted in respect of trademark and brand protection legislation and could thus be used by anyone.

Cover image: www.ingimage.com

This book is a translation from the original published under ISBN 978-620-2-01635-3.

Publisher:
Sciencia Scripts
is a trademark of
Dodo Books Indian Ocean Ltd. and OmniScriptum S.R.L publishing group

120 High Road, East Finchley, London, N2 9ED, United Kingdom
Str. Armeneasca 28/1, office 1, Chisinau MD-2012, Republic of Moldova, Europe
Printed at: see last page
ISBN: 978-620-7-60772-3

Índice

Dedicação

Dedico este livro ao meu querido pai Tufail Ahmed pela sua contínua motivação e encorajamento ao longo da minha vida

Lista de símbolos

CART – Classification and Regression Trees

M5 - Model Trees Version 5

I_{exp} – Measure of expected Impurity

$\sigma^2(E)$ – Variance of class values of a set of examples

$\Delta error$ – Expected reduction of error

MSE – Mean squared error

RMSE – Root mean squared error

NSE – Nash-Sutcliffe efficiency

KGE – Kling Gupta efficiency

RVE – Relative volume error

PEP – Percent error in peak

PPD – Peak to peak difference

ML – Machine Learning

CI – Computational Intelligence

AI – Artificial Intelligence

ANN – Artificial Neural Networks

GP – Gaussian Process

MLR – Multiple Linear Regressions

RT- Regression Trees

SVR – Support Vector Machine

DWD – German Weather Service

Capítulo 1. Revisão da literatura

1.1 Fundamentos da regressão das árvores

1.2.1 Antecedentes históricos

As árvores de decisão são grafos direccionados compostos por um nó de raiz e muitos nós de ramificação. São um tipo particular de modelo preditivo não linear e fundamental para a informática, a hidrologia, a biologia e muitos outros domínios. Existem dois tipos: as árvores de regressão, que é o objeto da minha tese, e as árvores de classificação. Estes modelos são obtidos com base no princípio de particionar recursivamente os dados e ajustar um modelo de previsão simples dentro de cada partição Loh, Wei-Yin (2011). As árvores de classificação incluem os modelos em que a variável-alvo (variável prevista) pode assumir um conjunto finito de variáveis e é utilizada para identificar a classe em que uma variável-alvo se enquadra provavelmente. As árvores de regressão são os modelos em que a variável-alvo é contínua e a árvore é utilizada para prever o seu valor.

Figura 0.1 Apresentação visual das árvores de classificação e regressão

Nas últimas décadas, as árvores de decisão ganharam popularidade como alternativas à regressão, à análise discriminante e a outros procedimentos baseados em modelos algébricos Wilkinson (2004). A árvore de regressão não é um desenvolvimento recente, a sua primeira utilização remonta a 1963 por Morgan e Sonquist. No entanto, a principal referência às árvores de decisão continua a ser o livro seminal "Classification and Regression Trees" de Breiman et. al (1984). Estes autores descrevem exaustivamente as árvores de classificação e de regressão.

Os trabalhos actuais sobre árvores de regressão começaram com o RETIS (Karalic & Cestnik, 1991) e o M5 (Quinlan, 1992). O RETIS utiliza uma metodologia de poda diferente baseada no algoritmo de Niblet e Bratko (1986) e m-estimates (Cestnik, 1990) em comparação com o CART (breiman et.al, 1984). Quinlan (1993) desenvolveu ainda mais o M5; neste desenvolvimento, combinou as previsões das árvores com modelos de k-vizinhos mais próximos.

1.2.2 Modelação baseada em dados

Com a penetração das ciências da computação na engenharia civil, por exemplo (hidroinformática e geoinformática), tornou-se mais fácil compreender o passado, prever o futuro (modelação e previsão) e tomar decisões. Os modelos hidrológicos podem ser caracterizados como físicos, matemáticos e empíricos. A última classe de modelos envolve equações matemáticas avaliadas não a partir dos processos físicos na bacia hidrográfica, mas a partir da análise de séries temporais de dados de entrada e saída.

Exemplos típicos de modelos matemáticos incluem a curva de classificação, o hidrograma unitário, vários métodos estatísticos (regressão linear, regressão linear múltipla e ARIMA) e métodos de aprendizagem automática. Com base na análise inteligente de dados, as ferramentas de aprendizagem automática podem descobrir as inter-relações num sistema complexo e construir modelos matemáticos preditivos. A aprendizagem automática a partir de exemplos pode, por um lado, extrair regularidades dos dados fornecidos; por outro lado, um eventual conhecimento especializado sobre o domínio do sistema pode ajudar a formular o conhecimento aprendido num conceito mais habitual.

Existem várias definições de aprendizagem automática na literatura. Uma das definições mais operacionais, dada por Mitchell (1997), é a seguinte: *"diz-se que um programa de computador aprende com a experiência E, relativamente a uma classe de tarefas T e a uma medida de desempenho P, se o seu desempenho nas tarefas T, medido por P, melhorar com a experiência E".* Os recentes desenvolvimentos no domínio da inteligência computacional e da inteligência artificial, da aprendizagem automática e da extração de dados, em particular, deram um grande impulso às capacidades de modelização empírica.

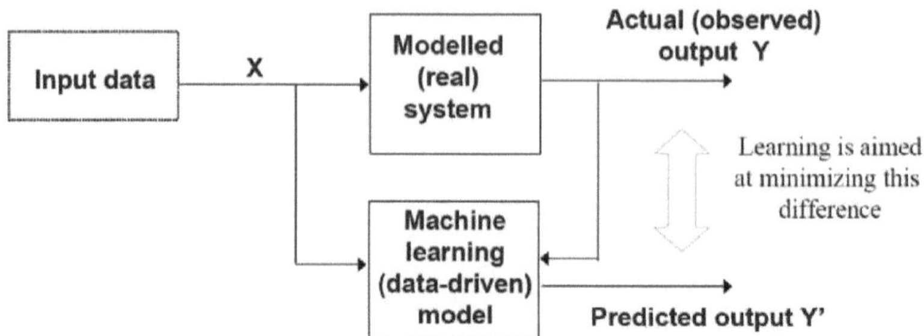

Figura 0.2 Abordagem de modelação baseada em dados

Solomatine e Ostfeld (2008) afirmam que a modelação baseada em dados se baseia na análise dos dados do sistema em estudo e na procura de ligações entre as variáveis de estado do sistema (entrada, interna e saída) sem conhecimento explícito dos processos físicos e das características do sistema.

O gráfico acima explica o processo de modelação. As áreas que se sobrepõem e que contribuem para a DDM são a inteligência artificial, a inteligência computacional, a aprendizagem automática, a extração de dados, o reconhecimento de padrões, a descoberta de conhecimentos em bases de dados, a análise inteligente de dados e a computação flexível. Considera-se que a DDM utiliza a IC e a AM na construção de modelos para complementar ou substituir os modelos de base física Solomatine e Ostfeld (2008). A parte principal da DDM é, de facto, a aprendizagem (formação) que incorpora as inter-relações até agora desconhecidas entre os inputs de um sistema e os seus outputs a partir dos dados disponíveis (Mitchell 1997, Figura 1.2). O objetivo da aprendizagem é minimizar a diferença entre os dados observados e a saída do modelo. Uma vez treinado o modelo, ao ser alimentado com novos dados, o modelo pode gerar resultados próximos dos que o sistema real produziria. As técnicas de inteligência computacional mais populares utilizadas na modelação hidrológica são:

o Redes Neuronais Artificiais

o Sistemas baseados em regras difusas

o Algoritmos genéticos

No entanto, vários outros métodos baseados em dados têm sido utilizados para resolver com êxito problemas hidrológicos. Os métodos que estão atualmente a merecer a atenção dos investigadores são:

o programação genética e regressão evolutiva

o Teoria do caos e dinâmica não linear

o Máquinas de vectores de suporte

o Árvores de decisão (Árvores de regressão)

1.2.3 Árvores de regressão

O modelo de regressão em árvore consiste numa hierarquia de nós, começando pelo nó superior (raiz). Cada nó da árvore contém alguns testes lógicos sobre o preditor ou a variável de entrada, exceto os nós inferiores. Os nós inferiores são efetivamente designados por folhas da árvore. As folhas contêm as previsões do modelo de regressão. Torgo (1999) afirma que cada caminho do nó raiz para as folhas representa uma conjunção de testes lógicos sobre as variáveis preditoras. Estas conjunções representam logicamente "subáreas" da superfície de regressão que está a ser aproximada. Cada uma destas áreas locais pode conduzir a uma aproximação diferente da superfície de regressão e prever a variável-alvo. No entanto, as árvores de regressão podem representar uma vasta gama de variáveis-alvo através de uma combinação flexível de áreas locais.

Estes modelos são utilizados em vários domínios de investigação, como as ciências sociais, a estatística, a engenharia e a inteligência artificial. A maioria dos métodos existentes para o crescimento de uma árvore de regressão tenta reduzir o erro quadrático médio, mas o erro quadrático médio é bastante sensível a valores atípicos, pelo que pode distorcer o erro quadrático médio e, eventualmente, conduzir a uma decisão errada no crescimento de uma árvore de regressão.

A compreensibilidade é uma das principais vantagens das árvores de regressão. Mas como estes modelos são flexíveis para assumir uma vasta gama de superfícies de regressão, podem facilmente captar as regularidades dos dados de amostra em vez do domínio dos dados de amostra, criando demasiadas subáreas para aproximar a superfície de regressão (Torgo 1999).

O sobreajuste pode certamente reduzir a precisão da previsão de dados desconhecidos. As árvores de regressão são podadas para evitar o sobreajuste. A poda é uma técnica de aprendizagem automática que reduz o tamanho de uma árvore de regressão eliminando as subáreas que desempenham um papel reduzido na previsão.

As ferramentas amplamente utilizadas para a construção de árvores de regressão são o RETIS (Karalic, 1992) e o M5 (Quinlan, 1993). O M5 é, de certa forma, mais robusto do que o RETIS durante a construção de árvores de regressão, uma vez que tem em conta apenas as variáveis relevantes. kompare et.al., (1997) afirma que a parte de regressão do RETIS e do M5 é essencialmente a mesma, mas o M5 tem algumas melhorias no que respeita ao algoritmo de construção da árvore e à representação das classes nas folhas. O M5 incorpora, para além da regressão, a aprendizagem baseada em instâncias. O CART de Breiman fornece previsões nas folhas apenas como constantes, mas o M5 e o RETIS podem fornecer equações lineares derivadas por regressão (kompare et al., 1997).

O problema da análise de regressão é o problema da procura de inter-relações entre uma variável dependente, designada por classe em ML, e variáveis independentes designadas por atributos (Breiman *et al.,* 1984; Karalic, 1992). Kompare et.al., (1997) afirma que, ao construir uma árvore de regressão, se assume que a dependência funcional não é necessariamente uniforme em todo o domínio, mas pode ser aproximada como tal em subdomínios mais pequenos. Os algoritmos descritos procuram automaticamente estes subdomínios e caracterizam-nos com funções de regressão linear (M5, RETIS) ou constantes (CART) da variável dependente. O resultado desta análise é uma estrutura em forma de árvore, designada por árvore de regressão

1.2.4 O Algoritmo RETIS

O algoritmo de construção da árvore de regressão pertence à família de algoritmos "Indução descendente de árvores de decisão". Durante a construção de árvores de regressão, o conjunto de exemplos em cada nó é dividido em subárvores pelo algoritmo. A principal tarefa do algoritmo é medir a bondade da divisão, que é considerada como uma medida da impureza de um conjunto de exemplos (Kompare et al., 1997). Uma vez que a saída é contínua, no RETIS a medida de impureza é tomada como uma estimativa da variância dos valores das classes.

A melhor divisão do exemplo num nó é aquela que minimiza a medida esperada de impureza ou a variância dos valores de classe nos subconjuntos resultantes da divisão. A impureza esperada é dada da seguinte forma:

$$I_{exp} = P_l I_l + P_r I_r$$

Onde P_l , P_r probabilidades de seguir a esquerda ou a direita são ramos fora do nó e I_l , I_r são as respectivas impurezas. A variância dos valores de classe de um conjunto de exemplos E é dada como

$$\sigma^2(E) = \frac{1}{W(E)} \sum_{ei \in E} w_i [Y_i - \mu(E)]^2$$

Esta variância é utilizada tanto no RETIS como no CART como uma medida de impureza. onde w é o peso do i-ésimo exemplo, *W(E)* representa a soma dos pesos dos exemplos do conjunto de exemplos E e $\mu(E)$ valor médio da classe do conjunto de exemplos E. A qualidade da árvore construída é medida pelo erro médio quadrático entre o valor observado e previsto da classe (Karalič, 1992).

1.2.5 O Algoritmo M5

M5 significa "árvores modelo, versão 5". Os modelos baseados em árvores são construídos através de um método de divisão e conquista. O algoritmo maximiza a redução do erro esperado (Quinlan 1992, 1993), dividindo os restantes exemplos de aprendizagem em vários subconjuntos, em função dos vários testes lógicos. Em cada etapa da construção da árvore, o M5 testa o tempo, o conjunto de exemplos de aprendizagem contém apenas alguns valores ou valores de classe que variam ligeiramente. Se for esse o caso, é construída uma folha e a construção da árvore é terminada. Caso contrário, o conjunto de aprendizagem divide-se ainda mais de acordo com o resultado do teste em cada passo.

Seja L o conjunto de exemplos de aprendizagem, uma lista de testes lógicos é avaliada determinando o subconjunto de casos L_i associado a cada resultado i. A medida do erro esperado é tomada como desvio padrão $sd\ (L_i)$ dos valores-alvo dos exemplos em L_i. A redução esperada do erro com base nos critérios acima descritos é

$$\Delta error \ = \ sd(L) - \sum_i \frac{|L_i|}{|L|} . sd(L_i)$$

Depois de examinar todos os testes lógicos possíveis, o algoritmo escolhe aquele que maximiza esta redução de erro esperada (Quinlan 1992, 1993). O algoritmo M5 pode construir árvores de três formas diferentes:

o utilizando apenas a regressão

o utilizando a aprendizagem baseada em instâncias

o tanto a regressão como o IBL

Enquanto que, utilizando apenas a regressão, ajusta uma regressão (linear) através dos restantes exemplos do conjunto de aprendizagem L, a IBL classifica um exemplo de acordo com os vizinhos na sua envolvente mais próxima (Kompare et. al., 1997). Estas proximidades devem ser consideradas como um espaço multidimensional, ou seja, uma dimensão para cada um dos atributos.

Vantagens das árvores de regressão

As árvores de regressão têm muitas vantagens em relação a outras técnicas de extração de dados e de aprendizagem automática: algumas delas são as seguintes

o Fácil de compreender e interpretar

o O treino é mais rápido do que o ANNS e converge sempre

o Requer pouco pré-processamento de dados

o Utiliza um modelo de caixa branca

o A validação do modelo é possível através de testes estatísticos

o Mais robusto do que a maioria das outras ferramentas de aprendizagem automática o Sem limitação do tamanho dos dados

1.2 Aplicações para a previsão de inundações

A previsão de cheias nos rios tem sido sempre uma questão preocupante. A contínua alteração da utilização dos solos das planícies aluviais naturais dos rios pela sociedade é uma das principais razões para o aumento dos níveis de inundação. Para reduzir o risco de inundação, são necessárias obras de engenharia civil cada vez mais dispendiosas para proteger a comunidade local. Acredita-se que as alterações climáticas causem a gravidade das inundações e das secas. Há um reconhecimento crescente na sociedade de que temos de aprender a viver com as inundações e que a tónica deve ser colocada na utilização de medidas não estruturais, como a previsão.

Coloca-se a questão de saber se os actuais métodos de previsão são suficientemente fiáveis e se as decisões tomadas com base nos resultados são seguras. Os avanços na modelação baseada em dados melhoraram a exatidão das previsões feitas com modelos de base física. No contexto da gestão das inundações, a fiabilidade da previsão da precipitação, do caudal e dos níveis de água é um dos aspectos mais importantes da modelização hidrológica. As técnicas de modelação baseadas em dados têm sido utilizadas há quase três décadas para a modelação hidrológica, a previsão e a previsão de inundações. Existem na literatura várias técnicas aplicadas por investigadores a vários estudos de casos hidrológicos.

Centrar-nos-emos apenas nas aplicações das árvores de regressão (Breiman et al. 1984) que geram modelos de ordem zero (valores de saída constantes para subconjuntos de dados de entrada) e das árvores modelo M5 (Quinlan, 1992, 1993) que geram modelos de primeira ordem (lineares) como valores de saída para subconjuntos de dados de entrada. No entanto, em hidrologia, as Árvores de Regressão e as Árvores Modelo M5 são praticamente desconhecidas; mas as aplicações conhecidas a questões hídricas mostram o seu elevado desempenho (Witten & Frank 2000).

Kompare et al. (1997) registaram a primeira aplicação de Árvores de Regressão e Árvores Modelo M5 na previsão hidrológica. Previram o escoamento superficial do rio Rott na Baviera, Alemanha, utilizando o escoamento superficial atual e passado conhecido em medidores de nível de água e a precipitação em medidores pluviométricos na bacia hidrográfica. Solomatine (2002) demonstrou a utilização de árvores modelo em problemas hidrológicos e outros, juntamente com outros modelos baseados em dados. Solomatine e Dulal (2003) aplicaram árvores modelo M5 na modelação da precipitação e do escoamento superficial de uma sub-bacia hidrográfica em Itália. Stravs e Brilly (2008) aplicaram árvores modelo M5 na modelação da interceção da precipitação no contexto do estudo de caso da bacia hidrográfica do rio Dragonja.

Capítulo 2. Materiais e métodos

Nesta tese, o método de aprendizagem automática de árvores de regressão é utilizado para modelação baseada em dados em MATLAB. O método pertence à classe de processos de regressão não paramétricos e não lineares. A função "fitrtree" do Matlab foi utilizada para gerar o modelo e a função "predict" foi utilizada para prever a resposta. Todas as experiências de modelação foram realizadas num computador pessoal.

2.1 Variantes de implementação

2.1.1 Aproximação e prognóstico

Nesta secção, são explicados a aproximação e o prognóstico. O cálculo da aproximação é efectuado utilizando os mesmos dados para validação, que são utilizados para treinar o modelo. Este cálculo mostra a melhor forma de o modelo prever os mesmos dados que foram utilizados para treinar o modelo. No prognóstico, uma parte dos dados disponíveis é utilizada para treinar o modelo e o resto é utilizado para validar o modelo. Com este tipo de simulação, os valores previstos podem ser comparados com os valores já observados e a precisão da previsão da máquina treinada pode ser estimada. Uma limitação neste caso é a utilização de dados de precipitação já observados, no entanto, na previsão em tempo real, a precipitação prevista é utilizada com muitas incertezas, o que pode prejudicar ainda mais o desempenho do modelo.

2.1.2 Dados contínuos

Para os cálculos contínuos, foram utilizados dados contínuos. Para os dados contínuos, são utilizados dados completos de um período inteiro, incluindo o caudal atual no medidor, para treinar o modelo. Recomenda-se a interpolação dos valores em falta e dos valores erróneos. Recomenda-se igualmente a exclusão de longos períodos de valores em falta nos dados observados. Para conjuntos de dados mais pequenos, esta filtragem também é recomendada para eventos extremos individuais, uma vez que estes têm um impacto relativamente forte na aprendizagem do modelo (Schütze et al., 2015).

2.1.3 Dados baseados em eventos

Em contraste com a utilização de todos os dados como dados contínuos, na modelação baseada em eventos, apenas os eventos extremos relevantes do período definido são utilizados para treinar o modelo. Os critérios de seleção destes eventos podem variar, dependendo do tipo de caso específico. O filtro *Hw_filter.m* criado e fornecido pelo instituto foi aplicado para obter os eventos extremos relevantes. Os seguintes critérios são implementados para selecionar os eventos por *hw_filter.m* (Schütze et al., 2015):

o Especificação direta da hora de início e de fim dos eventos relevantes

o Seleção do período considerado, bem como qualquer exclusão de períodos críticos

o Definição de um acontecimento por exceder um caudal especificado

o Definir uma duração mínima e máxima de um evento

o Definição de um tempo mínimo ou máximo antes e depois da entrada no pico

o Definição de um gradiente mínimo do escoamento

o Definição do início ou do fim de um evento com base nos dados de precipitação associados

2.2 Critérios de eficácia para a aproximação e o prognóstico

O desempenho dos resultados da simulação por árvore de regressão é apresentado graficamente, bem como através da utilização de medidas de eficiência seleccionadas. Os critérios de eficiência são definidos como medidas estatísticas de adequação dos dados simulados às observações disponíveis (Beven 2001). Os critérios de eficiência utilizados neste estudo são descritos de seguida. As descargas observadas são representadas por Qi e os valores simulados por $\hat{Q}_i i$. As notações $\bar{Q}_i e$ $\tilde{Q}_i$ representam a média das observações disponíveis e dos dados modelados, respetivamente.

Raiz do erro quadrático médio (RMSE)

A raiz do erro quadrático médio é:

$$RMSE = \sqrt{\frac{\sum_{i=1}^{n}(Qi - \widehat{Q}i)^2}{n}}$$

O RMSE é uma medida das diferenças entre os valores previstos por um modelo e os valores efetivamente observados. Na realidade, representa o desvio padrão da amostra das diferenças entre os valores observados e previstos. O RMSE é uma boa medida de exatidão, mas apenas limitada à comparação dos erros de previsão de diferentes modelos para uma determinada variável e não entre variáveis, uma vez que é dependente da escala (Hyndman et.al. 2006). O RMSE tem um elevado significado na qualidade das previsões na previsão baseada em eventos porque, ao contrário do prognóstico contínuo em que são comparados todos os valores, incluindo marés baixas insignificantes, no prognóstico baseado em eventos apenas são comparados os eventos significativos (Schütze et al., 2015). O valor ótimo de RMSE é zero.

Coeficiente de Nash - Sutcliffe (ou coeficiente de eficiência)

O coeficiente de Nash - Sutcliffe (ou coeficiente de eficiência) é o seguinte:

$$NSE = 1 - \frac{\sum_{i=1}^{n}(Qi - \widehat{Q}i)^2}{\sum_{i=1}^{n}(Qi - \bar{Q}i)^2}$$

O NSE é utilizado para avaliar a capacidade de previsão dos modelos hidrológicos. Pode variar entre -∞ e 1. Uma eficiência de valor 1 corresponde a uma correspondência perfeita entre as descargas modeladas e as descargas observadas. Uma eficiência de 0 significa que as previsões do modelo são tão exactas como a média das descargas observadas, enquanto uma eficiência inferior a 1 ocorre quando a variância residual é maior do que a variância dos dados. Além disso, quanto mais próxima de 1 for a eficiência do modelo, mais exato é o modelo. O NSE é sensível a fenómenos extremos e pode produzir resultados não optimizados quando os dados contêm grandes valores atípicos.

Eficiência de Kling Gupta (KGE)

O critério NSE é constituído por três componentes, que representam a correlação, uma medida de variabilidade e o desvio entre o medido e o modelado. Dado que a NSE é constituída por três componentes, é formulado um critério alternativo de desempenho do modelo, o KGE, calculando a distância euclidiana das três componentes ao ponto ideal, o que equivale a selecionar um ponto da frente tridimensional de Pareto. Este critério alternativo evita os problemas associados à NSE (Gupta et al., 2009). O KGE, tal como o NSE, varia entre -∞ e um. Devido aos seus cálculos complexos, o KGE não é apresentado aqui e é referenciado [Gupta et al., 2009].

Erro de volume relativo (RVE)

O erro de volume relativo é utilizado para quantificar os erros de volume. O RVE é definido como:

$$RVE = \frac{\sum_{i=1}^{n}(Qi - \hat{Q}i)}{\sum_{i=1}^{n} Qi}$$

O RVE varia de -∞ a +∞, mas o melhor valor é 0, sem diferença entre a descarga simulada e a observada (Janssen e Heuberger, 1995). Os valores de RVE inferiores a +5% e superiores a -5% são considerados bons, mas quando estes valores variam entre +5% e +10% ou -5% e -10%, o desempenho não é bom mas razoável.

Erro percentual no pico (PEP)

Green e Stephenson (1986), num estudo de avaliação das medidas de eficiência habitualmente utilizadas para determinar a adequação dos modelos hidrológicos, chegaram à conclusão de que o erro percentual nos picos simulados e observados é o critério estatístico preferido e suficiente para avaliar o desempenho do modelo na estimativa de picos de um único evento. O PEP representa a diferença sistemática entre o pico previsto e o observado. O valor ótimo é igual a zero e um valor negativo corresponde a uma sobrestimação da altura do pico. O erro percentual no pico é:

$$PEP = \frac{\max(Qi) - \max(\hat{Q}i)}{\max(Qi)} . 100$$

Diferença pico a pico (PPD)

A diferença pico a pico é a deslocação temporal entre o pico simulado e o observado. Indica o adiamento (valor negativo) do pico previsto ou a chegada antecipada (valor positivo) do pico previsto. O valor ótimo é zero para PPD. A diferença pico a pico é definida como

$$PPD = \frac{Index(\max(Qi)) - index(\max(\hat{Q}i))}{index(\max(Qi))}$$

Quociente médio

É obtido dividindo a média da descarga observada pela média da descarga prevista. Tem um valor ótimo de um. O quociente médio é dado como:

$$Mean\ Quotient = \frac{\bar{Q}i}{\tilde{Q}i}$$

Quociente de variação

O quociente de variância é a variância dos valores das descargas observadas dividida pela variância das descargas previstas. O valor perfeito é um e é o seguinte:

$$Variance\ Quotient = \frac{Var(Qi)}{Var(\hat{Q}i)}$$

Coeficiente de correlação

A correlação é utilizada para medir e descrever a força e a direção da relação entre os dados de descarga observados e previstos. O valor de um coeficiente de correlação varia entre -1 e 1. Quanto maior o valor do coeficiente de correlação, mais forte é a relação linear entre os dados observados e simulados.

Capítulo 3. Sítio e análise de dados de Müglitz

3.1 Características da bacia hidrográfica

O rio Müglitz nasce nas montanhas orientais de minério, na fronteira entre a Alemanha e a República Checa, a partir de dois cursos de água, o Müglitz branco e o Müglitz preto (o rótulo da cor refere-se ao carácter pantanoso do terreno). A partir da aldeia alemã de Müglitz, situada imediatamente abaixo da confluência do Müglitz branco e do Müglitz preto. O rio corre inteiramente no território do Estado alemão da Saxónia antes de desaguar no rio Elba em Heidenau. A bacia hidrográfica do rio estende-se por uma área de aproximadamente 210 km² e tem a forma de uma pera. A bacia hidrográfica superior, a sul, é redonda e tem uma elevada densidade fluvial, enquanto a parte norte é estreita como um tubo. As regiões de cabeceira (picos das montanhas de minério) são extensivamente planálticas. A secção média do rio é caracterizada por vales muito esculpidos e íngremes. O curso inferior do rio é constituído por vales largos e planos. A altitude nas regiões de cabeceira é de 749 metros acima do nível do mar e reduz-se para 113 metros na foz do rio Elba em Heidenau.

O rio tem 46 km de comprimento; o declive médio do rio Müglitz reduz-se de cerca de 3% nas cabeceiras, 2% na região central e 1% no curso inferior do rio, imediatamente na foz do Elba. Tem um carácter de torrente, devido ao declive relativamente elevado nas regiões superiores.

O contexto geológico da bacia hidrográfica é a formação gnáissica das montanhas de minério. As suas rochas são cobertas apenas por uma decomposição fina e maioritariamente argilosa. Estas camadas admitem pouca infiltração, o que, combinado com o elevado declive nas regiões de cabeceira, leva a uma descarga rápida e não retardada da precipitação. Devido à presença de um subsolo argiloso impermeável, apenas uma pequena porção de água é armazenada no solo e, consequentemente, provoca uma elevada densidade líquida do rio.

A bacia hidrográfica é composta por 48% de áreas florestais e arborizadas, 47% de terras agrícolas e 5% de áreas povoadas e caminhos-de-ferro. A área florestal predomina nas regiões de vales estreitos e as terras agrícolas dominam os planaltos na parte sul. Os prados e as pastagens estão muito disseminados. No vale do Müglitz, muitas estradas e pontes ferroviárias atravessam os rios e, tipicamente, oferecem apenas uma secção transversal de descarga muito pequena e podem resistir a um fluxo de alto nível, resultando em grandes afluxos e transbordamentos (Bornschein e Pohl 2005). A Figura 3.1 mostra o rio no Google Maps.

Figura 3.1 O rio Müglitz no Google Maps

Devido ao elevado declive nas regiões de cabeceira, o tempo de espera das cheias é muito curto. Em caso de inundação, só é possível avisar as pessoas durante um período muito curto.

3.2 Aquisição e análise de dados

Neste capítulo, são resumidos os resultados da seleção e do pré-processamento dos dados. Para as experiências, os dados da bacia hidrográfica do rio Müglitz foram obtidos do Serviço Meteorológico Alemão (DWD). Os dados incluem o escoamento superficial medido na estação de medição do nível de água selecionada de Dohna com uma resolução temporal de uma hora e a precipitação medida no pluviómetro de Zinnwald com um intervalo de tempo de 1 hora. Os dados do índice de humidade do solo antecedente foram obtidos a partir do modelo AMBAV do DWD. Os dados abrangem um período de 12 anos, com início em 1 de janeiro de 1998 e fim em 31 de dezembro de 2013, com exceção do ano de 2002. Para ter em conta a neve de inverno, foi utilizado um método de graus-dia hw_grad_tag.m desenvolvido pelo instituto para calcular o equivalente de água da neve, que foi incluído no abastecimento total de água.

3.2.1 Dados para experiências contínuas

Dos dados disponíveis para as experiências, os dados de 11 anos, de 1998-2009 e de 2011-2013, foram utilizados como dados de treino e os dados do ano de 2010 foram utilizados como conjunto de dados de validação para períodos de previsão de seis e doze horas. A Figura 3.2 mostra a descarga contínua (azul) e a água equivalente (vermelho) para todo o período de 1998-2013.

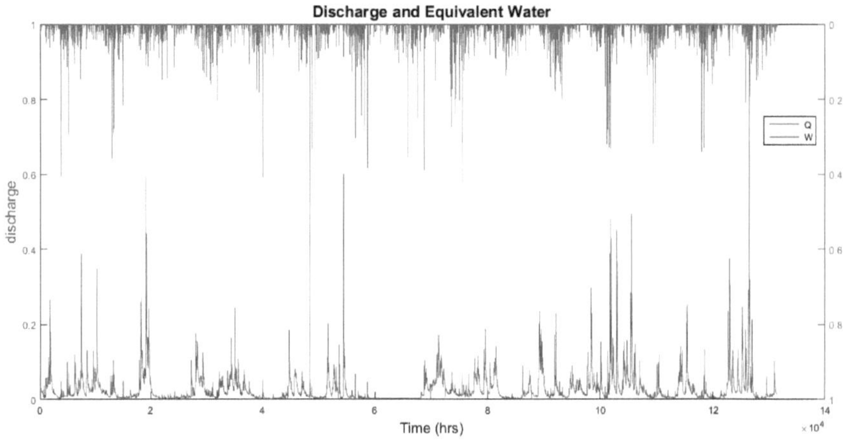

Figura 3.2 Dados seleccionados para experiências contínuas de 1998-2013. Dados de descarga no medidor de Dohna (azul), dados de água equivalente no medidor de Zinnwald (vermelho).

3.2.2 Dados para experiências baseadas em eventos

O filtro *hw_filter* desenvolvido e fornecido pelo instituto foi utilizado para extrair os eventos relevantes dos dados contínuos. Foram utilizados os seguintes critérios para filtrar os eventos (Schütze et al 2015).

o Período de seleção: 1998-2013

o Aumento mínimo do caudal médio por um fator de três

o O evento é encerrado após 6 horas de pico de entrada

o O evento é encerrado após 6 horas da última chuva

o A duração mínima de um evento é fixada em 4 horas para excluir eventos muito pequenos

o O evento também termina assim que o caudal atinge 0,8

o a descarga começa, o mais tardar, no início da precipitação

Três quartos dos eventos filtrados foram utilizados para treinar o modelo e um quarto como conjunto de dados de validação. A Figura 3.3 mostra os eventos relevantes filtrados através do filtro acima descrito.

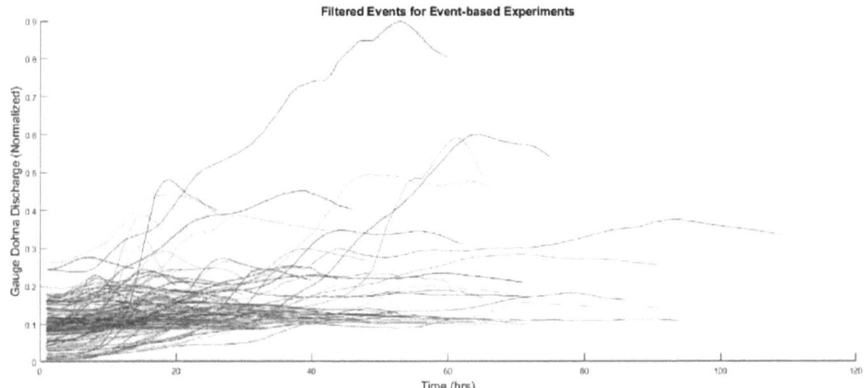

Figura 3.3 Apresentação de eventos relevantes para experiências baseadas em eventos filtradas através de *hw_filter.m*

Os pontos sistematicamente examinados são os seguintes:

1. Seleção do vetor de dados de entrada

2. Normalização dos dados de entrada

3. Seleção do número ótimo de observações por folha

3.2.3 Seleção do vetor de dados de entrada

Um vetor de entrada ótimo e o comprimento de treino do vetor de entrada são de importância crucial no processo de modelização para obter resultados de modelização precisos. Normalmente, algumas abordagens empíricas ou analíticas podem ser utilizadas externamente em modelos baseados em dados para determinar a questão acima referida relacionada com a estrutura do modelo. No entanto, não existe uma avaliação empírica rigorosa da seleção de metodologias de vectores de entrada no domínio da previsão (koureutzes). Embora existam vários factores que contribuem para a geração de caudal na hidrologia fluvial, tais como a precipitação, a temperatura, a evaporação, a humidade antecedente do solo, a cobertura vegetal e a utilização do solo (Loucks & van Beek 2005; Raghunath 2007), apenas os conjuntos de dados disponíveis de precipitação, temperatura e índice de humidade do solo foram utilizados juntamente com os de caudal para a seleção do vetor de entrada.

A seleção exacta do vetor de entrada foi feita tendo em conta estudos anteriores e com base em cálculos de aproximação extensivos (abordagem empírica e analítica). Para identificar o conjunto ótimo de vectores de entrada, foram efectuados cálculos de aproximação da descarga no nível de Dohna no tempo i+12 horas Q_{i+12} para vários vectores de entrada sistematicamente variados, constituídos por onze ou mais componentes para cada tempo i. Os resultados das experiências são resumidos a seguir:

• O fluxo de corrente e os valores imediatamente anteriores durante três horas foram considerados como a escolha ideal

• Tal como referido anteriormente, foi utilizado um método de graus-dia para incluir o derretimento da neve (s) no abastecimento de água (W) da bacia hidrográfica. O valor atual do abastecimento de água (precipitação e neve derretida) e os valores anteriores para três horas foram considerados óptimos

• A utilização das previsões de precipitação ou de água equivalente na data de previsão depende fortemente da sua disponibilidade prática. Neste caso, utilizámos a previsão de água equivalente sob a forma de dois períodos de previsão (i+1 a i+6) e (i+7 a i+12).

• A humidade atual do solo (F) no momento i, com base nos dados do modelo DWD AMBAV, é considerada a melhor escolha.

O vetor de dados de entrada ideal para a previsão do caudal no medidor de Dohna em doze horas, a partir da hora atual i, é o seguinte

$$I = [Q_{i-3}, Q_{i-2}, Q_{i-1}, Q_i, W_{i-3}, W_{i-2}, W_{i-1}, W_i, F_i, \sum_{j=i+1}^{i+6} W_j, \sum_{j=i+7}^{i+12} W_j]$$

Para seis horas, o período de previsão $\sum_{j=i+7}^{i+12} W_j$ não é relevante. O vetor de entrada ótimo acima descrito é o resultado de numerosas simulações. O quadro 3.1 apresenta uma comparação da exatidão da aproximação para diferentes combinações de dados anteriores de água equivalente (W) e de caudal. Os outros dados de entrada, sob a forma de humidade antecedente do solo, bem como a previsão de precipitação simulada, permaneceram inalterados.

Quadro 3.1 exatidão da aproximação para diferentes combinações de descarga precedente e água

Métricas	4 Q, 4 W	4 Q, 1 W	1 Q, 4 W	1 Q, 1 W	7 Q, 1 W	7 Q, 4 W
RMSE	**0.0034**	0.0034	0.0036	0.0038	0.0033	0.0033
NSE	**0.994**	0.9934	0.993	0.9922	0.9941	0.9941
KGE	**0.9957**	0.9954	0.9951	0.9945	0.9958	0.9958
RVE	**-1.87E-06**	3.40E-06	-2.49E-06	4.92E-08	2.27E-06	2.27E-06
Média Q	1	1	1	1	1	**0.999**
Desvio Q	**0.994**	0.9934	0.993	0.9922	0.9941	0.9965
Correlação	**0.997**	0.9967	0.9965	0.9961	0.997	0.9943

A Figura 3.4 mostra os melhores dados de entrada possíveis para obter resultados de modelação exactos como um gráfico de radar. A linha tracejada preta mostra a precisão da aproximação do vetor de entrada com 4 caudais precedentes e 4 águas equivalentes precedentes. É bastante interessante verificar que, com o aumento do número de valores de caudal precedente, os resultados tendem a melhorar ligeiramente, mas a diferença é pequena e negligenciável à custa da complexidade do modelo e do consumo de tempo.

Curiosamente, a precisão da aproximação do vetor de entrada com 4 descargas e 1 recurso hídrico (linha vermelha) é bastante comparável, mas ligeiramente pior do que a do vetor de entrada com 4 descargas e 4 valores de recursos hídricos. Em última análise, o vetor de entrada com quatro características de caudal precedente e quatro recursos hídricos é a melhor escolha óptima para o método em consideração e um aumento adicional das características de descarga não traz mais melhorias nos resultados da aproximação.

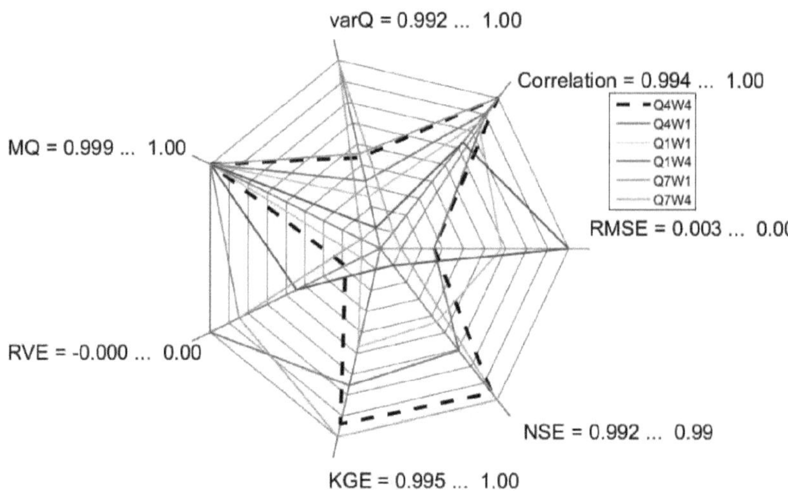

Figura 3.4 Exatidão da aproximação para um número variável de recursos hídricos precedentes e de descargas

3.2.4 Normalização dos dados de treino

Devido ao intervalo de saída da unidade sigmoide (0-1), os padrões utilizados para treinar um modelo baseado em dados devem ser normalizados. Existem muitos procedimentos de normalização descritos na literatura. O mais comum, que foi utilizado pela primeira vez por Weigend et al. (1991), consiste em dividir todos os valores por um número que é maior do que o maior valor na série temporal em consideração. As entradas e saídas podem ser reduzidas dentro dos limites de 0-1 ou -

1 a +1, dependendo da utilização das funções de ativação sigmoide e tangente hiperbólica (sales et al, 2000).

Os equivalentes hídricos (precipitação + neve derretida) foram normalizados dentro do limite de [0-1] e o caudal no medidor dentro do limite de [0-0,9]. O índice de humidade do solo manteve-se inalterado. Após a normalização, a árvore de regressão foi treinada com dados normalizados. A Figura 3.5 mostra o caudal observado no medidor de Dohna em agosto de 2010, comparado com a sua aproximação por árvores de regressão com dados normalizados e não normalizados. Claramente, a aproximação em ambos os casos é muito semelhante na maior parte do percurso, mas alguns valores, como os picos com dados padronizados, são ligeiramente mais bem aproximados.

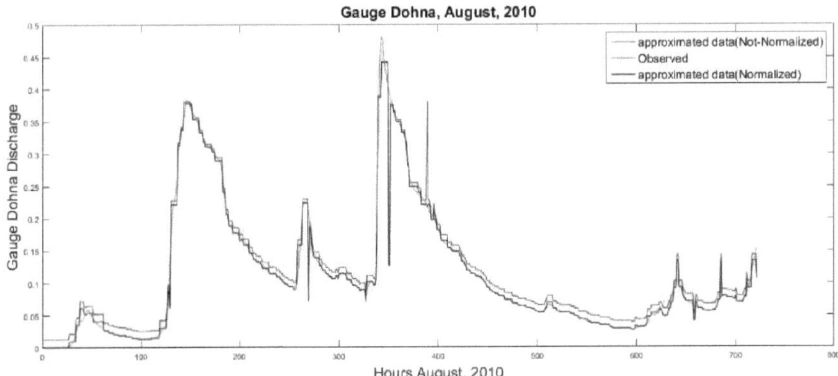

Figura 3.5 Aproximação do caudal no gabarito Dohna, comparação dos dados de treino normalizados e não normalizados

Na figura 3.6, a precisão da aproximação da descarga para agosto de 2010 é apresentada através de um gráfico de radar. Tal como referido anteriormente, a exatidão da aproximação para ambos os métodos de formação é muito semelhante, mas ligeiramente melhor para a formação normalizada. Foram obtidos resultados semelhantes para a comparação da exatidão da aproximação de todos os dados de 1998-2013 (Tabela 3.2) para o período de previsão de doze horas.

Tabela 3.2 Comparação da exatidão da aproximação dos dados de treino normalizados e não normalizados. Período de previsão de 12 horas

	1998-2013		agosto, 2010	
Métricas	Não normalizado	Normalizado	Não normalizado	Normalizado
RMSE	0.0034	0.0019	0.0183	0.0178
NSE	0.994	0.994	0.9651	0.9685
KGE	0.9958	0.9958	0.9784	0.9765
RVE	1.84E-05	3.90E-06	0.0047	0.0072
PEP [%]	-1.31E+00	-1.31E+00	-8.1633	-8.3814
PPD[hr]	2.00E+00	2.00E+00	0	0
MQ	1.00E+00	1.00E+00	0.9953	0.9928
VQ	0.994	0.994	0.9768	0.9685
Correlação	0.997	0.997	0.9824	0.9842

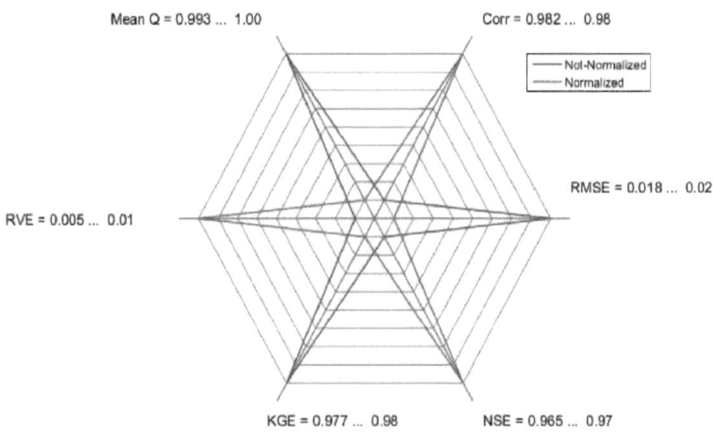

Figura 3.6 Comparação da precisão da aproximação para dados de treinamento padronizados (curva vermelha) e não padronizados (curva azul) para agosto de

2010. Período de previsão de 12 horas.

3.2.5 Seleção da árvore de regressão de tamanho ótimo

A simplicidade e o poder preditivo da árvore de regressão são muito importantes. Uma árvore profunda com muitas folhas tende a captar as regularidades dos dados da amostra e não do domínio a partir do qual a amostra foi obtida, e a sua precisão preditiva pode ser muito inferior à precisão do seu treino (ressubstituição). Em contrapartida, uma árvore pouco profunda não se ajusta demasiado e pode ter uma precisão de substituição comparável, mas é mais robusta e fácil de interpretar. Várias abordagens tentam evitar o sobreajuste dos dados de treino com árvores demasiado complexas. Estas estratégias são conhecidas como métodos de poda, principalmente a pós-poda e a pré-poda.

o A pós-poda é o processo através do qual uma árvore de grande dimensão é criada e, em seguida, são aplicados métodos de avaliação fiáveis para obter uma árvore de tamanho ótimo do seu modelo inicial. Não é invulgar encontrar domínios em que primeiro é criada uma árvore grande com milhares de nós e depois podada para centenas, o que causa desperdício de computação.

o A pré-poda é o processo em que o processo de crescimento da árvore é interrompido logo que se considere que não é fiável continuar a dividir.

Este método tem certamente algumas vantagens computacionais, mas incorre no perigo de selecionar uma árvore sub-óptima (Breiman et al., 1984) ao parar tão cedo e é por isso que o método de poda mais utilizado é a pós-poda. No MATLAB, três factores controlam a profundidade da árvore para a pré-poda.

o MaxNumSplits - o número máximo de divisões por nó do ramo. Quanto maior o valor, mais profunda é a árvore.

o MinLeafSize - número mínimo de observações por folha. Quanto menor o valor de MinLeafSize, mais profundas são as árvores. A predefinição é 1.

o MinParentSize - este é o número mínimo de observações por nó de ramo. Quanto menor o valor de MinParentSize, mais profunda é a árvore. A predefinição é 10.

Estes factores podem controlar sistematicamente o tamanho da árvore. O valor ótimo depende de vários factores, tais como o número de componentes dos dados de entrada, o número de dados de saída, bem como a relação entre estas quantidades. É muito importante escolher o valor ótimo. Além disso, a duração do processo de formação é fortemente não linear, dependendo de MinLeafSize e MaxNumSplits utilizados. Os valores dos factores de controlo de profundidade acima descritos para a seleção de dados de entrada acima descrita foram determinados de forma sistemática. A Tabela 3.3 apresenta uma visão geral da exatidão da aproximação com diferentes no de observações mínimas por folha. Todos os outros factores permaneceram nos valores predefinidos. Os melhores resultados foram obtidos quando se utilizou um menor número de observações por folha.

Tabela 3.3 Precisão da aproximação para diferentes números de observações mínimas por folha, ou seja, MinLeafSize.

Métricas	0	5	10	15	20	30	45	60
RMSE	0.0044	0.005	0.0061	0.007	0.0073	0.0082	0.0087	0.0098
NSE	0.9895	0.9865	0.9802	0.9742	0.9714	0.9647	0.9597	0.9494
KGE	0.994	0.9913	0.9864	0.9822	0.9799	0.9749	0.9711	0.9635
RVE	4.00E-04	3.80E-04	4.73E-04	4.20E-04	3.58E-04	2.01E-04	3.58E-04	2.32E-04
M Q	0.9996	0.9996	0.9995	0.9996	0.9996	0.9998	0.9996	0.9998
Desvio Q	0.9941	0.9893	0.9817	0.9758	0.9722	0.965	0.9594	0.9488
Correlação	0.9948	0.9932	0.99	0.987	0.9856	0.9822	0.9796	0.9744

A Tabela 3.4 compara a exatidão da aproximação através de algumas métricas para variar o número máximo de divisões por nó de ramificação. O desempenho diminui quando se utiliza um valor pequeno para o número máximo de divisões por nó de ramo, mas a perda de desempenho é relativamente menor. Além disso, é possível obter uma árvore de regressão superficial menos complexa e fácil de interpretar à custa de um desempenho reduzido.

Tabela 3.4 Precisão da aproximação para variar o número máximo de divisões por nó do ramo, ou seja, MaxNumSplits

Métricas	2500	1250	625	300	150
RMSE	0.0047	0.0052	0.0057	0.0065	0.0071
NSE	0.9881	0.9857	0.9825	0.9778	0.9731
KGE	0.9929	0.9909	0.9884	0.9844	0.9812
RVE	4.09E-04	4.21E-04	2.69E-04	6.53E-04	1.84E-04
Média Q	0.9996	0.9996	0.9998	0.9993	0.9998
Desvio Q	0.9925	0.9889	0.9851	0.9783	0.974
Correlação	0.994	0.9928	0.9912	0.9889	0.9865

Tal como referido anteriormente, a pré-poda tem o perigo de selecionar uma árvore sub-óptima ao parar tão cedo. Utilizámos o método de pré-poda para obter uma árvore de regressão de tamanho ótimo para aproximações e cálculos de prognóstico para poupar tempo.

Capítulo 4. Resultados e discussão

Para a bacia do rio Muglitz, foi modelada a descarga no medidor de Dohna. Os dados climáticos provêm da estação climática de Zinnwald e os dados anteriores sobre a humidade do solo provêm do modelo AMBAV do Serviço Meteorológico Alemão (DWD). Os dados horários estão disponíveis de 1998 a 2013. Além disso, devido à insuficiência de dados para treinar o modelo, as inundações de 2002 foram excluídas. Foi utilizado o vetor de dados de entrada acima descrito.

4.1 Aproximação contínua com árvores de regressão

Em primeiro lugar, os dados de 1 de janeiro de 1998 a dezembro de 2013 foram simulados de acordo com as excepções acima descritas, para um período de previsão de 12 horas. A figura 4.1 mostra a melhor aproximação possível de todo o período.

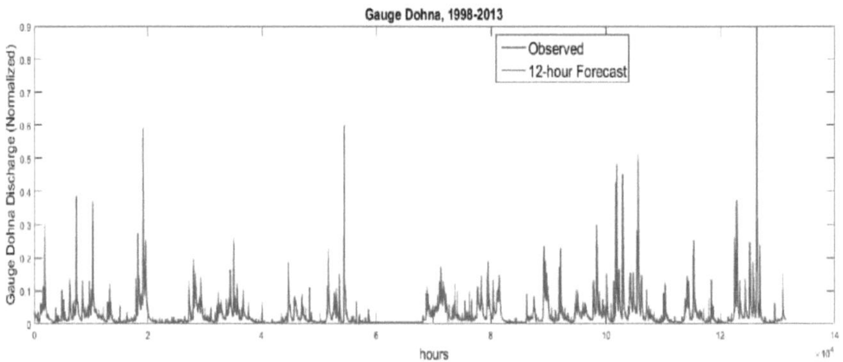

Figura 4.1 Aproximação do caudal no gabarito de Dohna com árvores de regressão, para todo o período 1998-2013. Previsão de 12 horas.

Para melhor ilustrar a aproximação contínua, foi efectuada uma segunda experiência para o ano de 2010, após o treino com os dados do mesmo ano. As figuras 4.2 e 4.3 mostram graficamente os resultados da aproximação para o ano de 2010 e para agosto de 2010, respetivamente. Os resultados da aproximação são obviamente melhores quando se utilizam séries temporais mais longas, mas, para o ano de 2010, métricas como NSE, KGE e coeficiente de correlação melhoraram ligeiramente e PEP piorou. Do mesmo modo, para agosto de 2010, os resultados são comparativamente piores do que os obtidos a partir de dados completos e do ano de 2010. A razão parece ser a limitação do método para um curto período de dados.

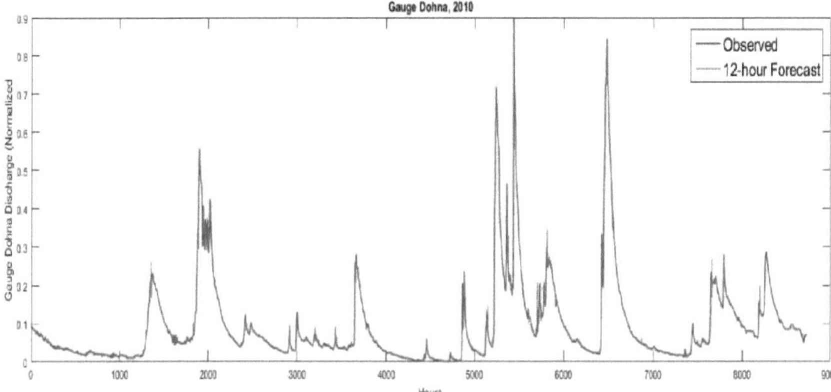

Figura 4.2 Aproximação do caudal no gabarito Dohna com árvores de regressão, para o ano de 2010. Previsão de 12 horas.

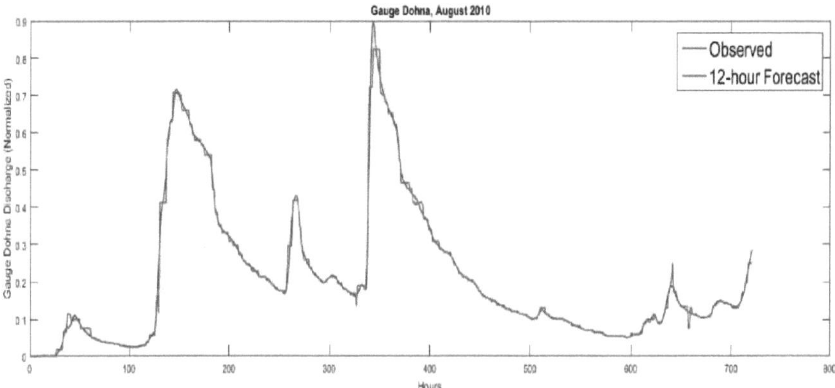

Figura 4.3 Aproximação do caudal no medidor de Dohna com regressão para agosto de 2010. Previsão de 12 horas.

A Tabela 4.1 apresenta alguns critérios de desempenho seleccionados da aproximação contínua para três tempos diferentes. Pode ver-se claramente que o desempenho do método piora quando se consideram períodos curtos. Isto deve-se ao facto de o nível da água ser altamente dinâmico nestes períodos curtos. O método pode ter um melhor desempenho para períodos curtos com níveis de água relativamente baixos, como é o

31

caso quando se utiliza uma área inteira com níveis de água relativamente baixos. Outro aspeto interessante a registar é o comportamento dos picos modelados. Os picos tendem a manter-se durante várias horas.

Tabela 4.1 Comparação de métricas para a determinação da qualidade na aproximação contínua com Árvores de Regressão do Gauge Dohna.

Métricas	1998-2013	Ano 2010	agosto, 2010
RMSE	0.0034	0.0084	0.0172
NSE	0.994	0.9946	0.9916
KGE	0.9957	0.9962	0.9941
RVE	1.99E-05	7.17E-17	-9.05E-17
PEP [%]	-1.31	-7.04	-8.38
PPD[h]	2,1,0, -1, -2	0, -1, -2, -3, -4, -5	0, -1, -2, -3, -4, -5, -6
Média Q	1	1	1
Desvio Q	0.994	0.9946	0.9916
Correlação	0.997	0.9973	0.9958

O gráfico de radar apresentado na figura 4.4 foi desenhado para três períodos diferentes de dados utilizados. A linha preta a tracejado representa todo o período de 1998-2013 com a melhor aproximação precisão.

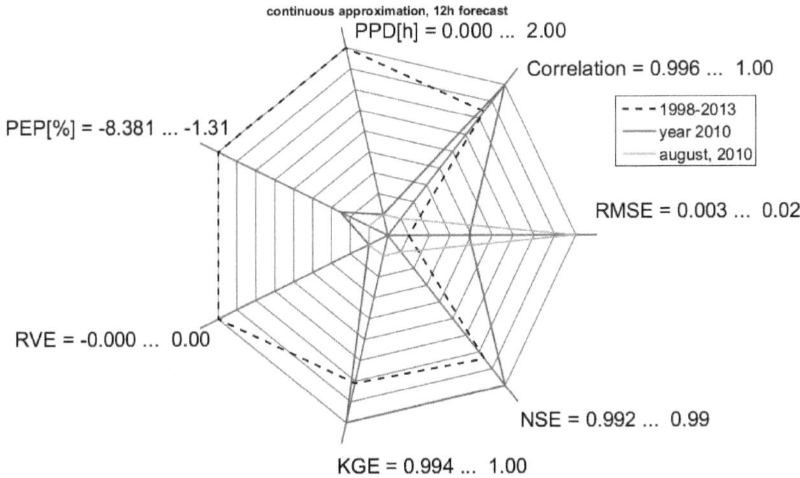

Figura 4.4 apresentação de métricas seleccionadas para aproximação contínua. Período de previsão de 12 horas.

4.2 Aproximação baseada em eventos com árvores de regressão

Nesta secção descrevem-se os resultados da aproximação da descarga no gabarito de Dohna com base em eventos. Os eventos foram seleccionados com o filtro *'hw_filter.m'* acima descrito, criado e fornecido pelo instituto. O cálculo da aproximação foi efectuado para períodos de previsão de seis e doze horas. Aqui, utilizámos os dados completos do período 1998-2013 com a exceção acima descrita e dois tipos de formação.

o Formação contínua: A árvore de regressão foi treinada utilizando todos os dados contínuos para o período de 1998-2013.

o Formação baseada em eventos: o processo de formação foi efectuado através de eventos filtrados de todo o período.

A figura 4.5 mostra os resultados da simulação da aproximação baseada em eventos utilizando os dois modos de formação acima descritos para um período de previsão de seis horas. A curva verde corresponde aos valores reais medidos, a curva azul corresponde à aproximação na formação com dados baseados em eventos e a curva vermelha à aproximação na formação com dados contínuos.

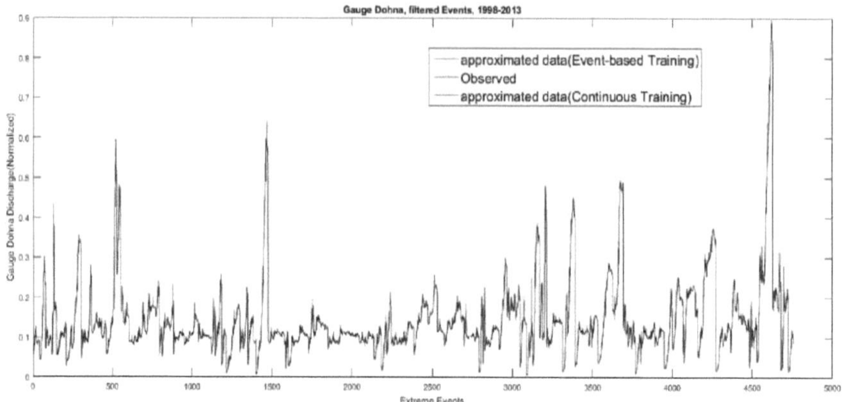

Figura 4.5 Aproximação do caudal no medidor de Dohna com árvores de regressão para eventos relevantes do ano 1998-2013 - período de previsão de 6 horas.

A Figura 4.6 mostra os resultados da simulação da aproximação baseada em eventos utilizando os dois modos de formação acima descritos para um período de previsão de doze horas.

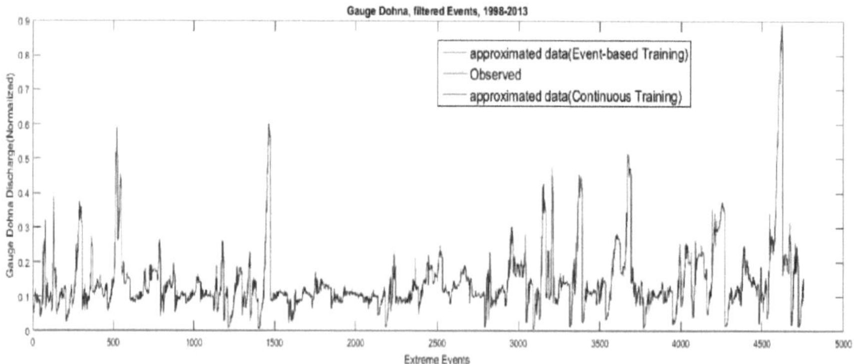

Figura 4.6 Aproximação do caudal no gabarito de Dohna com árvores de regressão para eventos relevantes do período de previsão de 12 horas do ano 1998-2013.

É óbvio, com base nos gráficos acima apresentados, bem como na tabela 4.2, que a aproximação baseada em eventos é muito melhor quando se utiliza a formação baseada em eventos do que com a formação contínua. Verificou-se também que a precisão da aproximação era relativamente melhor para o período de previsão de 6 horas do que para o período de previsão de 12 horas. Em geral, o fator período de previsão é dominante em relação ao modo de formação. A previsão de 6 horas com ambos os modos de formação dá resultados relativamente muito melhores do que a previsão de 12 horas. No entanto, é também de referir que os critérios de eficiência são muito inferiores em comparação com ambos os modos de formação. A razão pode ser a falta de dados de eventos para a formação baseada em eventos e a quantidade suficiente de dados contínuos. Inesperadamente, vários valores da diferença pico a pico mostram a continuação do pico previsto como uma linha horizontal, o que mostra a incompetência do modelo na previsão de picos claros. Para efeitos de comparação, apenas foi utilizado o valor inicial ou mediano.

Tabela 4.2 Métricas para determinação da qualidade em aproximação com árvores de regressão para eventos relevantes de todo o período 1998-2013.

Métricas	Formação contínua, previsão de 6h	Formação baseada em eventos, previsão de 6h	Formação contínua, previsão de 12h	Formação baseada em eventos, previsão de 12h
RMSE	0.0099	0.0099	0.0124	0.0112
NSE	0.9897	0.9898	0.9839	0.9868
KGE	0.9903	0.9928	0.9859	0.9906
RVE	0.0078	-1.53E-17	0.0116	-1.31E-17
PEP [%]	-1.31	-2.1539	-1.31	-1.31
PPD[h]	2,1,0, (-1), (-2)	3,2,1,0, (-1), (-2),(-3)	2,1,0, (-1), (-2)	2,1,0, (-1),(-2)
Média Q	0.9922	1	0.9884	1

Desvio Q	0.9947	0.9898	0.9975	0.9868
Correlação	0.9949	0.9949	0.9921	0.9934

4.3 Prognóstico contínuo com árvores de regressão

Nesta secção, são apresentados os melhores resultados possíveis da precisão de previsão das árvores de regressão. Os dados de treino foram utilizados para todo o período, de acordo com a exceção acima descrita em e sem dados do ano de 2010. O modelo treinado foi então alimentado com dados de entrada não vistos do ano de 2010 e de agosto de 2010, tendo sido obtidos resultados subsequentes para previsões de seis e doze horas. Foi utilizado o mesmo vetor de entrada que nos cálculos de aproximação. Foram aplicadas diferentes definições de pré-poda e pós-poda para obter uma árvore de regressão de tamanho ótimo e, subsequentemente, os resultados da previsão.

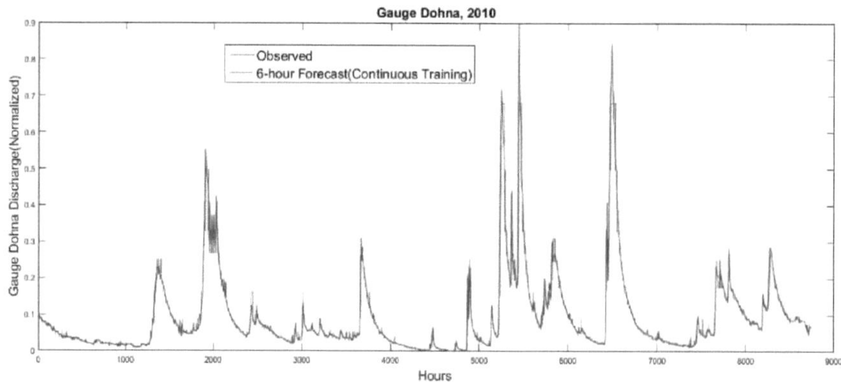

Figura 4.7 Prognóstico contínuo no gabarito Dohna com árvores de regressão para o ano 2010. Previsão de 6 horas.

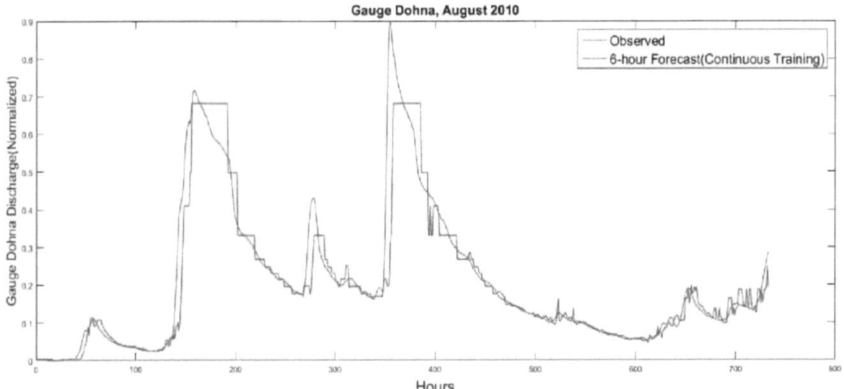

Figura 4.8 Prognóstico contínuo no medidor Dohna com árvores de regressão para o mês de agosto de 2010. Previsão de 6 horas

A figura 4.7 e a figura 4.8 mostram graficamente a precisão da previsão de 6 horas para o ano de 2010 e agosto de 2010, respetivamente. A curva verde no gráfico representa os resultados modelados. Claramente, os picos modelados são contraditórios com os valores observados. O modelo tende a produzir linhas horizontais em vez de picos claros, especialmente quando utiliza dados altamente dinâmicos de agosto de 2010. Os resultados da previsão contínua para o período de previsão de doze horas são apresentados nas figuras 4.9 e 4.10, respetivamente. A previsão para períodos de previsão mais curtos é ligeiramente melhor do que para períodos de previsão mais longos. No entanto, os resultados para a previsão de doze horas também são relativamente bons.

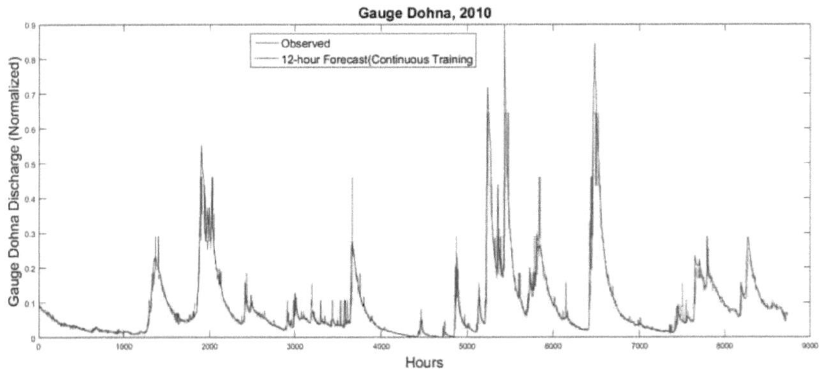

Figura 4.9 Prognóstico contínuo do caudal no gabarito Dohna com árvores de regressão para o ano de 2010. Período de previsão de 12 horas.

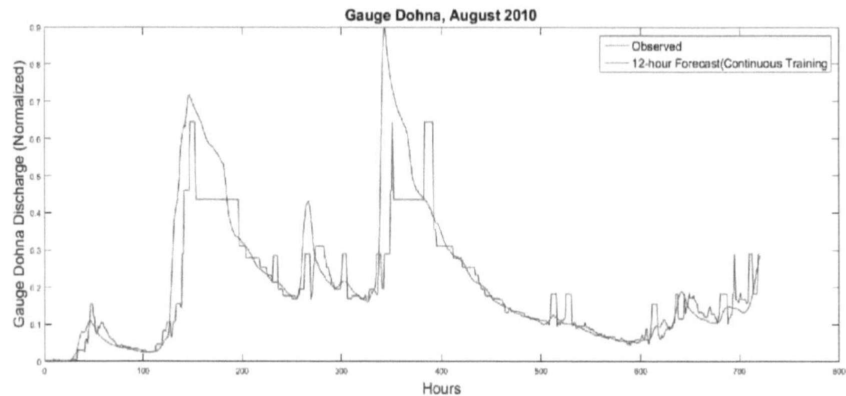

Figura 4.10 Prognóstico contínuo do caudal no medidor Dohna com árvores de regressão para agosto de 2010. Período de previsão de 12 horas.

Os resultados gráficos acima apresentados levantam uma séria questão sobre a competência do modelo para prever as descargas de ponta. A Tabela 4.3 compara algumas medidas de desempenho para a determinação da qualidade da previsão de seis horas e de doze horas com árvores de regressão. A maioria das métricas está próxima dos seus valores perfeitos para a previsão de seis horas. Os valores pioram ligeiramente, quando se utilizam dados de agosto de 2010. Este facto pode dever-se à elevada dinâmica dos níveis de água durante o mês de agosto de 2010. No entanto, a previsão de doze horas também é relativamente melhor, o que poderia ser melhorado com a utilização de dados de treino suficientes com picos elevados. A diferença horária entre picos é igualmente subestimada e sobreestimada ao longo do período de previsão. O modelo prevê os picos como uma linha horizontal e em locais errados. Para evitar o sobreajuste e a sobreestimação, foram utilizadas 60 observações por folha, ou seja, 'MinLeafSize', para treinar um modelo podado.

Tabela 4.3 Critérios de eficiência para a determinação da qualidade do prognóstico contínuo com Árvores de Regressão para o ano de 2010 e o mês de agosto de 2010. Comparação da previsão de 12 h e 6 h

Métricas	Ano 2010, 6h de prognóstico	agosto-2010, 6h Prognóstico	Ano 2010, 12h Prognóstico	agosto-2010, 12h Prognóstico
RMSE	0.0267	0.0705	0.0403	0.1023
NSE	0.9450	0.8596	0.8755	0.703
KGE	0.9494	0.9206	0.8525	0.6978
RVE	0.0197	0.0276	0.0357	0.0915
PEP [%]	-24.2715	-24.2715	-28.3806	-28.3806
PPD[h]	199, (-3), -1028	199, (-3)	196, (-8), -40, -1028	196, (-8), -40
Quociente médio	0.9803	0.9724	0.9643	0.9085
Quociente de variação	0.9266	0.9562	0.7581	0.5684
Correlação	0.9723	0.9289	0.9386	0.8503

4.3 Prognóstico baseado em eventos com árvores de regressão

Nesta secção, são apresentados os resultados do prognóstico baseado em eventos, tal como a aproximação baseada em eventos com árvores de regressão. Os dados relativos a todo o período foram filtrados utilizando o filtro acima descrito.

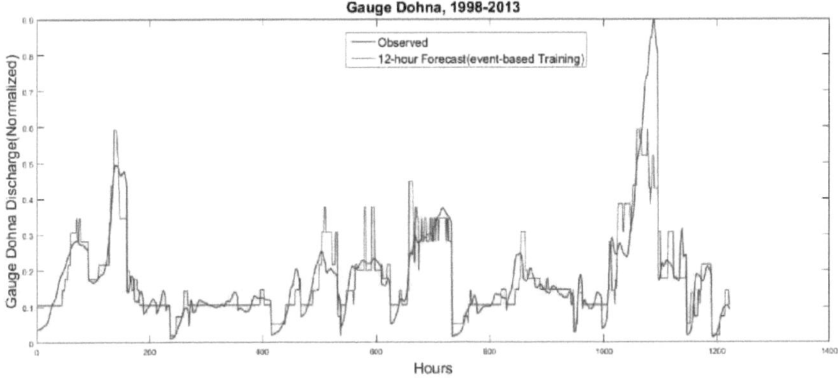

Figura 4.11 Resultados do prognóstico baseado em eventos com árvores de regressão para previsões de doze horas.

Três quartos dos eventos filtrados foram utilizados para treinar uma árvore de regressão preditiva e o quarto restante dos eventos foi utilizado como conjunto de dados de validação. Para evitar o ajuste excessivo do modelo, foram aplicadas várias definições de pré e pós poda para obter os melhores resultados possíveis. A árvore de regressão de tamanho ótimo foi obtida utilizando um número de 25 divisões, ou seja, 'MaxNumSplits' por nó do ramo e 5 observações por folha, ou seja, 'MinLeafSize'. A figura apresenta graficamente a exatidão da previsão das árvores de regressão. Claramente, a curva modelada não está numa boa comparação com os dados de eventos observados. Em primeiro lugar, o modelo tende a prever picos como linhas horizontais; em segundo lugar, esses picos são muito inferiores aos observados.

Tabela 4.4 Critérios de desempenho seleccionados para a determinação da qualidade do prognóstico baseado em eventos. Previsão de 12 horas.

Métricas	Prognóstico baseado em eventos, previsão de 12 horas
RMSE	0.0709
NSE	0.7281
KGE	0.7861
RVE	0.0074
PEP [%]	-34.2045
PPD[h]	11
Quociente médio	0.9926
Quociente de variação	0.7145
Correlação	0.8534

A Tabela 4.4 compara algumas medidas de desempenho para avaliar o desempenho do modelo baseado em dados para o prognóstico baseado em eventos. É óbvio, a partir da tabela, que as métricas são mais fracas para o prognóstico baseado em acontecimentos do que para o prognóstico contínuo e para a aproximação baseada em acontecimentos. Tal pode dever-se principalmente à quantidade insuficiente de dados baseados em acontecimentos ou à incompetência do modelo. No caso do prognóstico contínuo, os dados eram ligeiramente suficientes. Embora os resultados sejam relativamente comparáveis, o método não é considerado adequado para o prognóstico quando se utiliza uma quantidade reduzida de dados baseados em eventos. Poderá ser explorado mais tarde com uma quantidade suficiente de dados baseados em eventos que contenham picos comparáveis aos do conjunto de dados de validação.

Capítulo 5. Comparação com outras metodologias

Nesta secção, os resultados da aproximação e da previsão por árvores de regressão são comparados com outros métodos orientados para os dados habitualmente utilizados, que são os seguintes

o Redes Neuronais Artificiais

o Processo Gaussiano

o Regressão Linear Múltipla

o Máquina de Vetor de Suporte

Os resultados dos três primeiros métodos acima descritos foram obtidos a partir de um relatório de investigação intitulado "Development and exemplary implementation of deterministic and data driven methods for hydrological forecasts and prognosis in small, partially unobserved watersheds for the discharge of flood early warning, Research Report, Chair of Hydrology, Technical University of Dresden, eds. Saxon State Office for Environment, Agriculture and Geology, 2015" por N. Schütze, T. Singer, P. Stange, M. Wagner, R. Schwarze e do SVR a partir da tese de mestrado de Dominik Wendschlag.

5.1 Comparação dos resultados da aproximação contínua

Em primeiro lugar, os resultados da aproximação contínua são comparados para um conjunto de dados relativamente mais vasto, relativo a todo o período 1998-2013. O Quadro 5.1 apresenta medidas de desempenho para todos os métodos acima descritos, exceto o processo gaussiano.

Tabela 5.1 Comparação das métricas seleccionadas para a determinação da qualidade da previsão de 12 horas na aproximação contínua para o gabarito de Dohna 1998-2013. Dados para ANN, GP e MLR de (Schütze et.al, 2015) e SVR de (tese de mestrado Wendschlag, 2015), respetivamente.

Métricas	RT	ANN	MLR	RVS
RMSE	0.0034	0.008	0.011	0.0076

NSE	0.994	0.969	0.943	-
KGE	0.9957	0.978	0.956	-
RVE	1.99E-05	-0.005	-0.007	-0.00025
PEP [%]	-1.31	-5.187	0.533	-2.1275
PPD[h]	2,1,0, -1, -2	-1	-10	2894
Quociente médio	1	1.005	1.007	1
Quociente de variação	0.994	0.995	0.993	1.0549
Correlação	0.997	0.984	0.971	-

A árvore de regressão parece ser o melhor método para a aproximação contínua, como mostra a figura 5.1. O desempenho global das redes neuronais artificiais com base nos critérios de eficiência seleccionados é ligeiramente inferior ao das árvores de regressão e ligeiramente superior ao da MLR e da SVR. A diferença entre picos no caso da SVR não é de todo comparável, parecendo ser enganadora. A razão pode ser a seleção incorrecta dos dados ou a incompetência do modelo. Os resultados da MLR, sendo um método muito simples, são, inesperadamente, relativamente bons. O único problema com o RT é a continuação do pico de descarga durante várias horas. A RT não parece ser capaz de produzir picos claros.

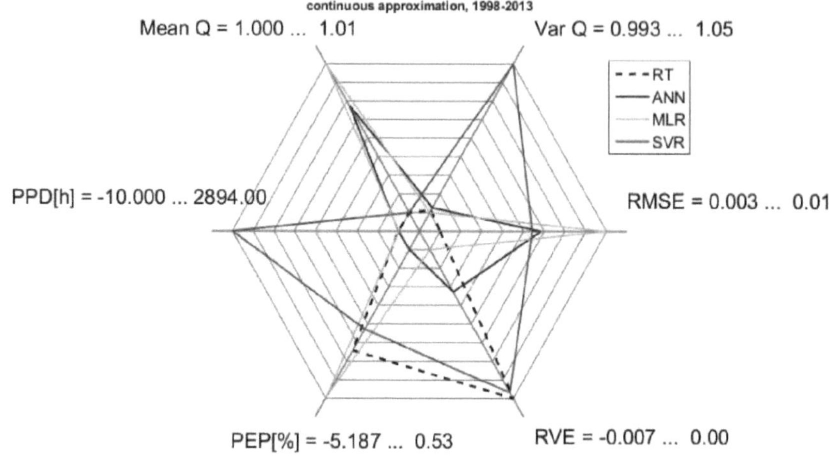

Figura 5.1 Apresentação das medidas de desempenho para a aproximação contínua de 1998-2013 para o período de previsão de 12 horas.

As tabelas 5.2 e 5.3 apresentam a comparação das medidas de desempenho para a aproximação contínua do ano 2010 e de agosto de 2010, respetivamente.

Tabela 5.2 Comparação das métricas seleccionadas para a determinação da qualidade da previsão de 12 horas na aproximação contínua para o ano de 2010 do gabarito de Dohna. Dados para ANN, GP e MLR de (Schütze et.al, 2015).

Métrica	RT	ANN	GP	MLR
RMSE	0.0084	0.013	0.001	0.018
NSE	0.9946	0.95	0.999	0.91
KGE	0.9962	0.932	0.999	0.932
RVE	7.17E-17	0.02	0.001	0.024
PEP [%]	-7.04	5.937	0.083	-24.99
PPD[h]	0, -1, -2, -3, -4, -5	-13	0	-10
Quociente médio	1	1.02	0.999	0.976
Quociente de variação	0.9946	0.98	0.999	0.956

| Correlação | 0.9973 | 0.976 | 0.999 | 0.955 |

Tabela 5.3 Comparação das métricas seleccionadas para a determinação da qualidade da previsão de 12 horas na aproximação contínua para o gabarito de Dohna, agosto de 2010. Dados para ANN, GP e MLR de (Schütze et.al, 2015).

Métricas	RT	ANN	GP	MLR
RMSE	0.0172	0.033	0.001	0.048
NSE	0.9916	0.887	0.999	0.753
KGE	0.9941	0.867	0.999	0.858
RVE	-9.05E-17	0.012	-0.001	0.024
PEP [%]	-8.38	20.85	0.083	-24.99
PPD[h]	0, -1, -2, -3, -4, -5, -6	-13	0	-10
Quociente médio	1	0.88	1.001	0.976
Quociente de variação	0.9916	0.988	0.999	0.956
Correlação	0.9958	0.944	0.999	0.871

As figuras 5.2 e 5.3 apresentam os melhores métodos com base nas medidas de desempenho para a aproximação contínua do ano 2010 e do mês de agosto de 2010. É interessante notar que a Árvore de Regressão não prevê picos claros, mas sim pequenas linhas horizontais. Este não é o caso dos outros métodos.

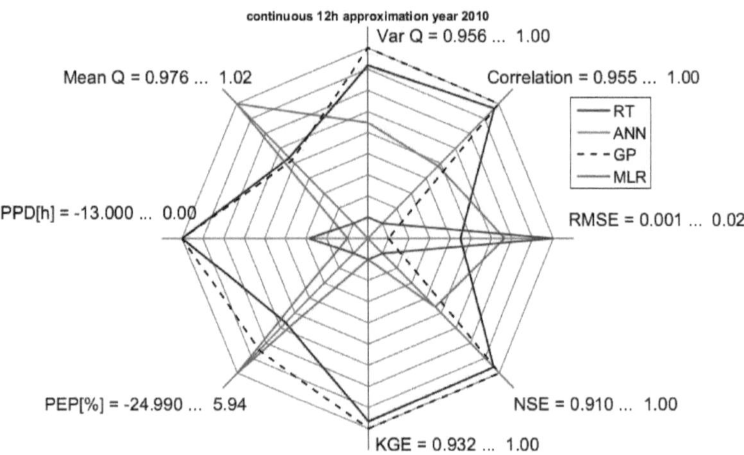

Figura 5.2 Apresentação das medidas de desempenho para a aproximação contínua do ano 2010 para o período de previsão de 12 horas.

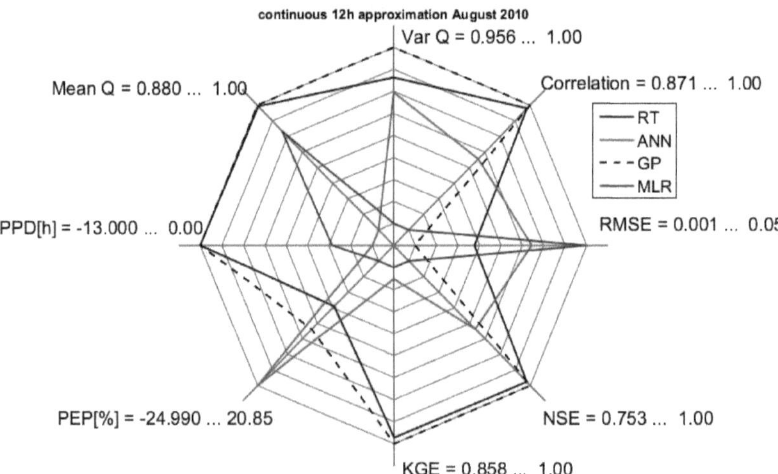

Figura 5.3 Apresentação das medidas de desempenho para a aproximação contínua de agosto de 2010 para o período de previsão de 12 horas.

O processo gaussiano representado pela linha tracejada preta nas figuras 5.2 e 5.3, sendo um dos métodos mais sofisticados mas morosos, é comprovadamente o melhor para a aproximação contínua. Os resultados do RT são ligeiramente piores do que os do GP. Os resultados da ANN e da MLR são também relativamente comparáveis.

5.2 Comparação dos resultados da aproximação baseada em eventos

Nesta secção, é apresentada a comparação da aproximação baseada em eventos e da precisão com os métodos acima descritos. Os quadros 5.4 e 5.5 comparam medidas de desempenho seleccionadas para a determinação da qualidade da aproximação baseada em eventos para previsões de 12 horas e 6 horas, respetivamente. Claramente, com base na comparação dos critérios de eficiência seleccionados, o processo Gaussiano revela-se o melhor modelo baseado em dados para a aproximação baseada em eventos.

Tabela 5.4 Comparação dos critérios de eficiência para a determinação da qualidade da previsão de 12 horas na aproximação baseada em eventos para o gabarito de Dohna, 1998-2013. Dados para ANN, GP e MLR de (Schütze et.al, 2015) e SVR de (tese de mestrado Wendschlag, 2015), respetivamente.

Métricas	RT	ANN	GP	MLR	RVS
RMSE	0.0112	0.031	**0.013**	0.036	0.02
NSE	0.9868	0.908	**0.981**	0.906	-
KGE	0.9906	0.934	**0.983**	0.876	-
RVE	-1.31E-17	-0.005	**0**	-0.002	0.03
PEP [%]	-1.31	2.6	**0.347**	-5	-1.9928
PPD[h]	0	-6	**0**	-4	0
Quociente médio	1	1.005	**1**	1.002	1.0003
Quociente de variação	0.9868	0.954	**0.983**	0.931	1.0529
Correlação	0.9934	0.953	**0.92**	0.936	-

Tabela 5.5 Comparação dos critérios de eficiência para a determinação da qualidade da previsão de 6 horas na aproximação baseada em eventos para o

gabarito de Dohna, 1998-2013. Dados para ANN, GP e MLR de (Schütze et.al, 2015) e SVR de (tese de mestrado Wendschlag, 2015), respetivamente.

Métricas	RT	ANN	GP	MLR	RVS
RMSE	0.0099	0.021	**0.012**	0.026	0.0166
NSE	0.9898	0.959	**0.985**	0.955	
KGE	0.9928	0.976	**0.985**	0.939	
RVE	-1.53E-17	-0.002	**0**	-0.001	0.0157
PEP [%]	-2.1539	-7.37	**-0.08**	-2.204	-2.7612
PPD[h]	0	5	**0**	-5	1
Quociente médio	1	1.0024	**1**	1.001	1.0002
Quociente de variação	0.9898	0.987	**0.987**	0.967	1.293
Correlação	0.9949	0.979	**0.992**	0.969	

Os gráficos de dispersão entre os dados medidos e os dados aproximados são comparados para inspeção visual dos resultados de precisão com diferentes métodos. A Figura 5.4 é um gráfico de dispersão entre os dados medidos (eixo x) e os dados aproximados (eixo y). Os valores apresentados nas tabelas e os gráficos de dispersão mostram claramente que o processo gaussiano proporciona a melhor exatidão de aproximação para as previsões de 12 horas e de 6 horas. Os resultados da árvore de regressão, ANN e SVR são ligeiramente piores do que o GP, enquanto os do MLR são também comparáveis.

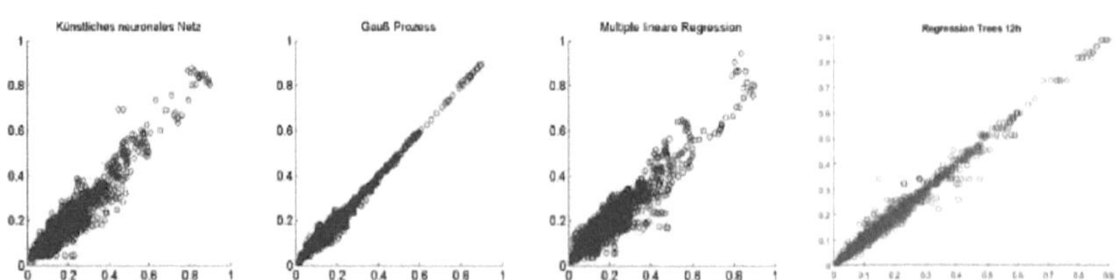

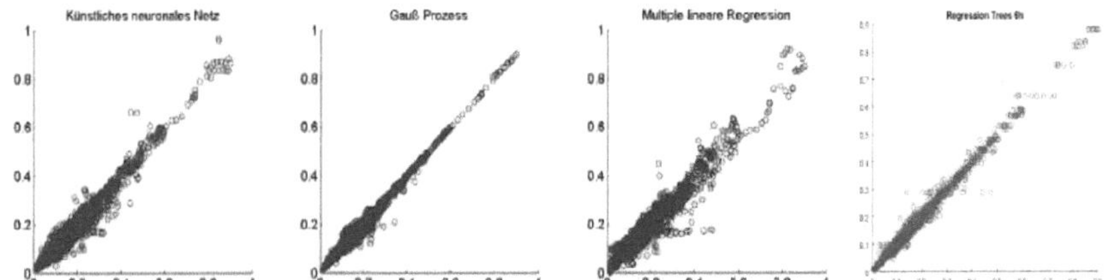

Figura 5.4 Gráfico de dispersão entre os dados medidos (eixo x) e a aproximação (eixo y) para os diferentes métodos baseados em dados para a aproximação baseada em eventos de doze horas (acima) e seis horas (abaixo). Gráficos para ANN, GP e MLR de (Schütze et.al, 2015)

Os resultados de um período de previsão mais curto são relativamente melhores do que os de um período de previsão mais longo para todos os métodos.

5.3 Comparação dos resultados do prognóstico contínuo

Nesta secção, os resultados do prognóstico contínuo são comparados com diferentes metodologias. A tabela 5.6 apresenta medidas de desempenho para previsões de 12 horas do ano de 2010 para todos os métodos. Claramente, a RNA proporciona a melhor exatidão de prognóstico, enquanto a GP é o segundo melhor método de prognóstico contínuo. No entanto, o desempenho de RT, MLR e SVR também é comparável. No entanto, não é aconselhável utilizar a MLR e a RT para o prognóstico contínuo, uma vez que estes métodos dão um valor PEP mais elevado. Os resultados da RVS podem ser melhorados. A Figura 5.5 apresenta o melhor método de prognóstico contínuo sob a forma de um gráfico de radar. A Tabela 5.6 compara as medidas de desempenho do RT com outros métodos para um período de previsão de 12 horas.

Tabela 5.6 Comparação dos critérios de eficiência para a determinação da qualidade da previsão de 12 horas no prognóstico contínuo para o ano de Dohna, 2010. Dados para ANN, GP e MLR de (Schütze et.al, 2015) e SVR de (tese de mestrado Wendschlag, 2015), respetivamente.

Métricas	RT	ANN	GP	MLR	RVS
RMSE	0.0403	**0.026**	0.037	0.028	0.0076
NSE	0.8755	**0.917**	0.893	0. 905-	

	RT	ANN	GP	MLR	SVR
KGE	0.8525	**0.888**	0.89	0.905	-
RVE	0.0357	**0.037**	0.036	0.029	0.172
PEP [%]	-28.3806	**2.928**	10.47	-24.4	-17.47
PPD[h]	-8	-	-12	-11	-9
Quociente médio	0.9643	**0.963**	0.964	0.972	1.0017
Quociente de variação	0.7581	**0.902**	0.912	0.95	1.0806
Correlação	0.9386	**0.96**	0.946	0.952	-

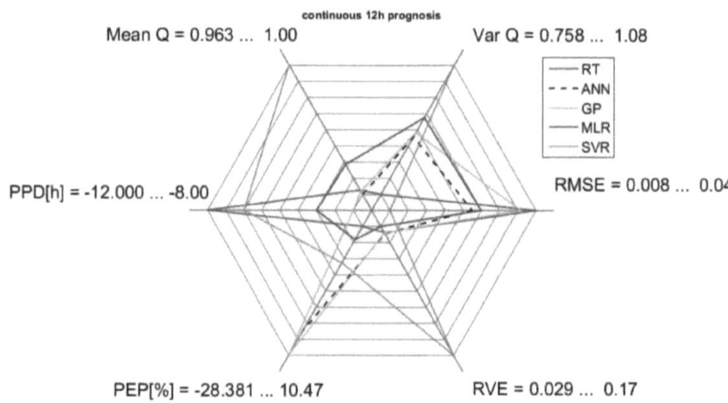

Figura 5.5 Apresentação das medidas de desempenho para a determinação da qualidade do prognóstico contínuo do ano 2010 para uma previsão de 12 horas.

A Tabela 5.7 apresenta as métricas da previsão de 6 horas para o ano de 2010 com diferentes métodos. Os resultados da previsão a 6 horas são relativamente melhores do que os da previsão a 12 horas para todos os métodos.

Tabela 5.7 Comparação das métricas seleccionadas para a determinação da qualidade da previsão de 6 horas no prognóstico contínuo para o ano de Dohna, 2010. Dados para ANN, GP e MLR de (Schütze et.al, 2015) e SVR de (tese de mestrado Wendschlag, 2015), respetivamente.

Métricas	RT	ANN	MLR	RVS

RMSE	0.0267	**0.016**	0.018	0.0054
NSE	0.945	**0.948**	0.971	-
KGE	0.9494	**0.97**	0.96	-
RVE	0.0197	**0.02**	0.013	-0.068
PEP [%]	-24.2715	**-8.537**	-30.06	-9.03
PPD[h]	199, -3, (-1028)	**-5**	-5	-4
Quociente médio	0.9803	**0.98**	0.987	0.999
Quociente de variação	0.9266	**0.955**	0.984	1.044
Correlação	0.9723	**0.986**	0.978	-

ANN dá a melhor exatidão de prognóstico também para a previsão de 6 horas. RT é ligeiramente pior do que ANN com base em KGE, NSE e RVE, mas os valores PEP e PPD não são comparáveis. O desempenho do SVR também é relativamente melhor, podendo ser melhorado através de uma seleção adequada dos dados de treino. A Figura 5.6 é um gráfico de radar que mostra o melhor método para a previsão de 6 horas do ano de 2010. ANN é representado por uma linha preta tracejada.

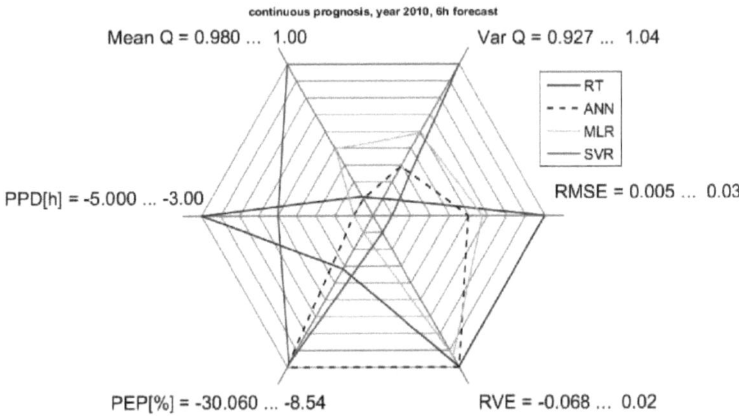

Figura 5.6 Apresentação das medidas de desempenho para a determinação da qualidade do prognóstico contínuo do ano 2010 para uma previsão de 6 horas.

5.4 Comparação dos resultados do prognóstico baseado em eventos

Nesta secção, os resultados do prognóstico baseado em eventos com árvores de regressão são comparados com outros métodos. A Tabela 5.8 apresenta uma comparação das medidas de desempenho para a determinação da qualidade do prognóstico baseado em eventos.

Tabela 5.8 Comparação das métricas seleccionadas para a determinação da qualidade no prognóstico baseado em eventos. Dados para ANN, GP e MLR de (Schütze et.al, 2015) e SVR de (tese de mestrado Wendschlag, 2015), respetivamente.

Métricas	RT	ANN	GP	MLR	RVS
RMSE	0.0709	0.06	0.049	**0.041**	0.036
NSE	0.7281	0.898	0.937	**0.931**	-
KGE	0.7861	0.818	0.876	**0.916**	-
RVE	0.0074	-0.008	0.004	**-0.004**	-5.2
PEP [%]	-34.2045	18.39	0.177	**-5.164**	19
PPD[h]	11	-5	-7	**-4**	3
Quociente médio	0.9926	1.008	0.995	**1.004**	0.95
Quociente de variação	0.7145	0.962	1.017	**0.947**	0.82
Correlação	0.8534	0.906	0.939	**0.957**	-

O MLR, inesperadamente, apresenta o melhor desempenho para o prognóstico baseado em eventos. O desempenho do processo gaussiano é ligeiramente pior do que o do MLR. Os resultados de ANN e SVR também são comparáveis, mas os de RT não são satisfatórios. A Figura 5.7 apresenta gráficos de dispersão para uma melhor comparação dos resultados.

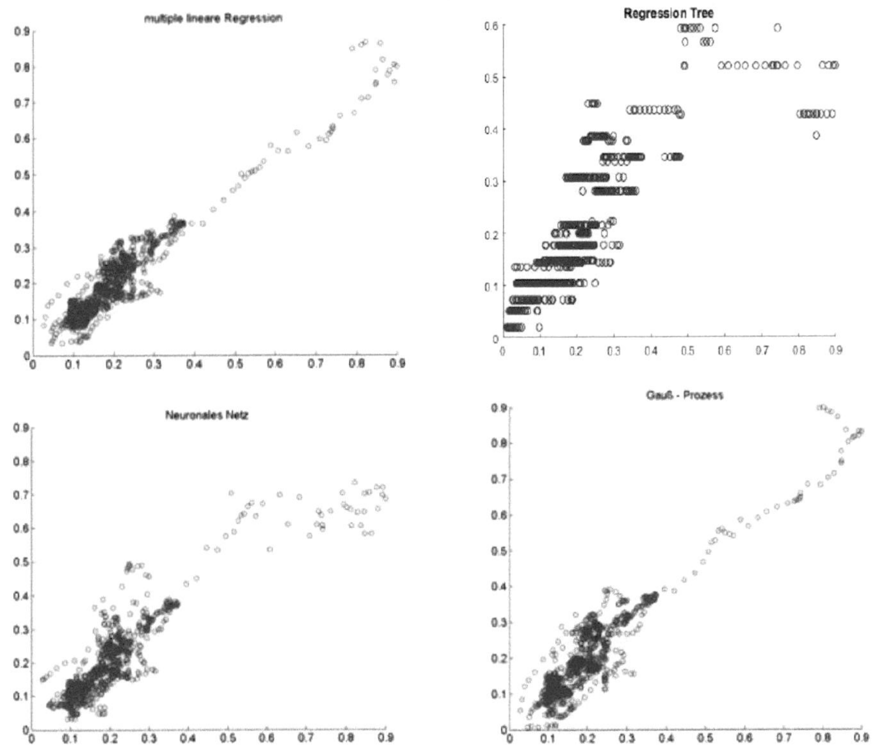

Figura 5.7 Gráfico de dispersão entre dados observados (eixo x) e dados previstos (eixo y) para diferentes métodos baseados em dados para prognóstico baseado em eventos de doze horas. Os gráficos para ANN, GP e MLR são obtidos de (Schütze et.al., 2015)

Capítulo 6. Conclusão

Em jeito de conclusão, pode dizer-se que os métodos de inteligência artificial ou de aprendizagem automática podem ser aplicados com êxito tanto na hidráulica como na hidrologia. No caso da previsão do escoamento pluviométrico de uma bacia hidrográfica, conhecendo-se o escoamento atual e passado nos hidrómetros de nível de água e a precipitação nos pluviómetros da bacia hidrográfica, é extremamente simples desenvolver um modelo empírico baseado em dados e em árvores de regressão para prever o escoamento utilizando a caixa de ferramentas de aprendizagem automática e estatística do Matlab.

Com base nas experiências efectuadas, pode concluir-se que os dados de treino normalizados proporcionam uma melhor aproximação e precisão de prognóstico em comparação com os dados não normalizados. Um vetor de dados de entrada ideal e o comprimento de treino do vetor de entrada são de importância crucial no processo de modelação para obter resultados de modelação precisos. A simplicidade e a precisão de previsão da árvore de regressão são muito importantes. A otimização desempenha um papel fundamental na obtenção de uma árvore de regressão de tamanho ideal. As seguintes **observações conclusivas** podem ser feitas com base nas experiências efectuadas:

o A precisão da aproximação das árvores de regressão é muito superior à sua precisão de previsão

o Os resultados da aproximação e do prognóstico para períodos de previsão mais curtos são melhores do que para períodos de previsão mais longos

o Os resultados do prognóstico contínuo revelam-se ligeiramente melhores do que os do prognóstico baseado em eventos.

As árvores de regressão são capazes de prever o escoamento superficial, mas o método tem algumas **limitações**, tais como

o O modelo tende a apresentar uma percentagem de erro de pico mais elevada o   O método prevê picos como linhas horizontais, em vez de picos claros, especialmente quando se utilizam dados de natureza altamente dinâmica

o   Natureza sensível dos dados

Com base na comparação com os resultados de outros modelos baseados em dados, pode concluir-se que:

o   a precisão da aproximação obtida com árvores de regressão supera muitos métodos populares baseados em dados, como ANN, SVR e MLR

o   O processo gaussiano, sendo um dos métodos mais sofisticados mas moroso, provou ser o melhor com base nos resultados da aproximação contínua e baseada em eventos

o   A RNA proporciona a melhor exatidão do prognóstico, ao passo que a GP se revela o segundo melhor método para o prognóstico contínuo, superando a RT, a SVR e a MLR

o   inesperadamente, o MLR tem o melhor desempenho para o prognóstico baseado em eventos

O modelo construído de forma completamente automática, no que diz respeito à sua estrutura, compete com os modelos desenvolvidos por especialistas com base nas características físicas da bacia hidrográfica, ao mesmo tempo que pode superá-los no que diz respeito ao tempo necessário para a sua introdução - são necessárias apenas algumas horas-homem e alguns minutos de tempo de computador, uma vez que os dados estejam devidamente preparados.

Capítulo 7. Perspectivas

Tendo em conta as limitações do modelo baseado em dados e em árvores de regressão, poderiam ser efectuadas mais investigações e experiências utilizando dados suficientes e igualmente dinâmicos para a formação e a validação. A introdução de novas melhorias nos algoritmos poderia ser um avanço para obter resultados de modelação mais exactos.

Referências

Janssen, P. H. M. & Heuberger, P. S. C. Calibração de modelos orientados para o processo. *Ecological Modelling* **83,** 55-66 (1995).

Breiman, L., Friedman, J., Stone, C. J. & Olshen, R. A. *Classification and Regression Trees* (Taylor & Francis, 1984).

Krause, P., Boyle, D. P. & Base, F. Comparação de diferentes critérios de eficiência para a avaliação de modelos hidrológicos. *Advances in Geosciences* **5,**89-97 (2005).

Oyebode, O. K., Adeyemo, J. A. & Otieno, F. a. O. Comparação de duas técnicas de modelação baseadas em dados para a previsão de caudais a longo prazo utilizando conjuntos de dados limitados. *Journal of the South African Institution of Civil Engineering* **57,** 9-19 (2015).

Green, I. R. A. & Stephenson, D. Criteria for comparison of single event models. *Hydrological Sciences Journal* **31,** 395-411 (1986).

Witten, I. H. & Frank, E. *Data Mining: Practical Machine Learning Tools and Techniques, Second Edition (Morgan Kaufmann Series in Data Management Systems).* (Morgan Kaufmann Publishers Inc., 2005).

Solomatine, D., See, L. M. & Abrahart, R. J. in *Practical Hydroinformatics* (eds. Abrahart, R. J., See, L. M. & Solomatine, D. P.)**68,** 17-30 (Springer Berlin Heidelberg, 2008).

Solomatine, D. P. & Ostfeld, A. Data-driven modelling: some past experiences and new approaches. *Journal of Hydroinformatics* **10,** 3 (2008).

Aprendizagem em árvore de decisão. *Wikipedia, a enciclopédia livre* (2016).

Gupta, H. V., Kling, H., Yilmaz, K. K. & Martinez, G. F. Decomposição do erro quadrático médio e dos critérios de desempenho NSE: Implications for improving hydrological modelling. *Journal of Hydrology* **377,** 80-91 (2009).

Fundamentos de Árvores de Classificação e Regressão. Disponível em: https://www.researchgate.net/publication/273140696 Fundamentals of Classificat ion and Regression Trees.(Acedido em: 20 de março de 2016)

Remesan, R. & Mathew, J. *Hydrological Data Driven Modelling: A Case Study Approach.* (Springer, 2014).

Solomatine, D. P., Maskey, M. & Shrestha, D. L. Instance-based learning compared to other data-driven methods in hydrological forecasting. *Hydrological Processes* **22,** 275-287 (2008).

Publicado por Venky Rao em 13 de janeiro de 2013 às 17:56 e Blog, V. Introdução ao Classification&RegressionTrees (CART). Availableat :

http://www.datasciencecentral.com/profiles/blogs/introduction-to-classification-regression-trees-cart.

Nash, J. E. & Sutcliffe, J. V. River flow forecasting through concetual models part I - A discussion of principles. *Journal of Hydrology* **10,**282-290 (1970).

Hipel, K. W. *Stochastic and Statistical Methods in Hydrology and Environmental Engineering (Métodos estocásticos e estatísticos em hidrologia e engenharia ambiental): Análise de séries temporais em hidrologia e engenharia ambiental.* (Springer Science & Business Media, 2013).

Salas, J. D., Markus, M. & Tokar, A. S. in *Artificial Neural Networks in Hydrology* (eds. Govindaraju, R. S. & Rao, A. R.) 23-51 (Springer Netherlands, 2000).

Wiley: Rainfall-Runoff Modelling: The Primer, 2nd Edition - Keith J. Beven. Disponível em: http://eu.wiley.com/WileyCDA/WileyTitle/productCd047071459X.html.

N. Schütze, T. Singer, P. Stange, M. Wagner, R. Schwarze: Desenvolvimento e implementação exemplar de métodos determinísticos e orientados por dados para previsões e prognósticos hidrológicos em pequenas bacias hidrográficas parcialmente não observadas para a descarga de alerta precoce de inundação, Relatório de Pesquisa, Cadeira de Hidrologia, Universidade Técnica de Dresden, eds. Gabinete do Estado da Saxónia para o Ambiente, Agricultura e Geologia, 2015

Hyndman, Rob J. Koehler, Anne B.; Koehler (2006). "Outro olhar sobre as medidas de exatidão das previsões". *Jornal Internacional de Previsão* **22** (4): 679-688. doi:10.1016/j.ijforecast.2006.03.001.

Green, I. R. A., e D. Stephenson. 1986. Critérios para comparação de modelos de evento único. *Hydrol. Sci. J.* 31(3): 395-411.

http://stattrek.com/statistics/dictionary.aspx?definition=Correlation

Karalic, A., Cestnik, B. (1991): A abordagem Bayesiana à regressão estruturada em árvore. Em Actas do ITI-91.

Niblett, T., Bratko, I. (1986): Aprendizagem de regras de decisão num domínio com ruído. *Expert Systems,* **86**. Cambridge University Press.

Bornschein, A., Pohl, R.: Lições aprendidas com a inundação de 2002 na Saxónia, Alemanha. - In: Proc. 40th Defra Flood and Coastal Management Conference 2005, York, Inglaterra, pp. 05B.3.1-05B.3.12 p 1

http://forrest.psych.unc.edu/research/vista-frames/help/lecturenotes/lecture11/overview.html

http://www.floodmaster.de/wiki/Mueglitztal Posto de percursos

https: //en.wikipedia. org/wiki/M%C3 %BCglitz(rio)

Loh, W. Y. (2011). Árvores de classificação e regressão. *Wiley Interdisciplinary Reviews: Data Mining and Knowledge Discovery, 7*(1), 14-23.

Quinlan, J. R. (1993). Combinação da aprendizagem baseada em instâncias e em modelos. In *Proceedings of the Tenth International Conference on Machine Learning* (pp. 236243).

Quinlan, J. R. (1992, novembro). Aprendizagem com classes contínuas. Na *5ª Conferência conjunta australiana sobre inteligência artificial* (Vol. 92, pp. 343-348).

Morgan, J. N., & Sonquist, J. A. (1963). Alguns resultados de um processo de ramificação não simétrico que procura efeitos de interação. *Young, 8, 5*.

Wilkinson, L. (2004). Árvores de classificação e regressão. *Systat, 11*, 35-56.

Cestnik, Bojan. "Estimar probabilidades: uma tarefa crucial na aprendizagem automática."/*CA*/. Vol. 90. 1990.

Torgo, L. (1999). Inductive Learning of Tree-based Regression Models, tese de doutoramento, Faculdade de Ciências da Universidade do Porto

Solomatine, Dimitri P., e Khada N. Dulal. "Model trees as an alternative to neural networks in rainfall-runoff modelling." *Hydrological Sciences Journal48.3* (2003): 399-411.

Muglitz (rio). *Wikipédia, a enciclopédia livre* (2015).

Posto Mueglitztal Pathways | Intranet FLOODmaster. Disponível em: http://www.floodmaster.de/wiki/Mueglitztal Pathways post.

Stravs, Luka, e Mitja Brilly. "Desenvolvimento de um modelo de previsão de caudal baixo utilizando o método de aprendizagem automática M5". *Hydrological sciences journal* 52.3 (2007): 466477.

Printed by Books on Demand GmbH, Norderstedt / Germany